Design for Entrance Gateway, from a drawing exhibited at the Royal Academy, 1924.

1924年英国《建筑师》杂志的封面。荣杜易早年设计的华西协合大学大校门并绘有建成景观图。很可惜此校门最终未能实现

荣杜易早年设计的华西协合大学大校门

聚会所

这是一座有四重檐的八角形攒尖顶建筑。这是一位曾经在华西协合大学工作过的美国美以美会神职人员带回的明信片，明信片上的图案据说是华西大学聚会所的设计图片。此楼因故最终未建

礼拜堂

荣杜易设计的华西协合大学礼拜堂。一个完全没机会出生的建筑

序

当年的改革开放，对每个人的意义是不一样的。对我而言，是终于有机会结束了历时五年的知青生涯，得以进入四川医学院念书。这里曾是有着百年历史的前华西协合大学（1951年10月更名为"华西大学"，本书中的华西协合大学简称"华西大学"）的医科。走进校门，除了门类众多的医学教科书和令人恐惧的人体骨骼，最让我感到新奇有趣的，是华西大学留下的老建筑。校园里错落有致的老办公大楼、老图书馆、老教学楼，特别是素有"成都地标"之称的华西坝钟楼，对刚结束天天与稻麦菜花打交道的我，绝对是实实在在的大观园。

鲁迅说过："凡人之心，无不有诗"，虽常"有而未能言。诗人为之语，则握拨一弹，心弦立应。"（《摩罗诗力说》）我自幼对美术有特别的兴趣，小学时就爱在课本上自我添补一些图解和插图，即使在乡间"战天斗地"的五年当中，也不时拿起画笔，把四川温江坝子的田园美景勾画几笔。华西坝美丽的老建筑，特别是荷花池畔那座古朴但又洋气的钟楼，仿佛和我有过约定，时时在拨动着我心中的画意。

进校不久的一个周末，我搜出了在乡间曾经用过的便携式写生画板和颜料，起了个大早，在解剖大楼（原华西协合大学的嘉德堂）门口摆起了架子。花了约三个小时的时间，面对着沐浴在霞光之中的华西钟楼，画了一幅写生油画《钟楼朝霞》。当时解剖教研室的雷清芳老师，也是我后来读研究生时的主讲教授，正向教研室走去。她在我身旁站着看了好久，后来说了一句话："太漂亮了！真的太漂亮了！"

　　不久，学校要举办一个全校的美术和摄影展览，我拿出这幅自以为美丽的《钟楼朝霞》去参展。出乎我意外的是，办展的青年处负责人露出了一脸的惊诧与鄙夷："真想不到，你们年轻学生怎么会对这些东西有兴趣呢？"她当即表示此画不适合参展。不过当时办公楼的其他人都说"可以，可以"。她无奈地说，那就留下吧。几周后展览结束，我去办公楼找她索画，她说画没保留。

夕阳下的钟楼

尽管有人以为"美"应伴有各种社会属性，我却感觉真正好的艺术品，会触动人心中的爱美天性，为人类所共享，不分古今、中外和雅俗。写生画虽然已不知去向，但华西钟楼在朝霞映照下的美丽，却一直存留心中，始终没有消亡。钟楼也成为我医学学习的人生地标，任时光流逝，华西之情，始终矗立心底。

　　40年后，一个偶然的机会，重新燃起了我对华西大学老建筑的关注。

　　那是三年多前，我搬到了美国中北部北达科他州的法戈工作。有一天，我在当地的报上看到了一位华裔医师陆承恩的去世公告。这位医生住在离我们咫尺之遥的邻近城市。公告附有他的生平简介和几幅遗像。

　　陆医生是耳鼻喉科的医生，出国后一直在离法戈市不远的明尼苏达州的一家医院行医，直至去世。让我惊奇的是，他竟然是我们的华西校友，而且是我研究生导师梁荗忠教授的同班同学。而对我来说他最珍贵的一份遗物，是他和女友在1949年毕业出国前在华西钟楼前的一张留影。

1949年医学院毕业的陆承恩医生出国前在钟楼的留影

　　他们身后的钟楼，竟然不是我们熟知的华西坝钟楼！不过几十年的时差，展现出历史变迁的沧桑。作为一个华西后人，我深深感到自己对所爱之物的无知，于是开始了自己对华西大学老建筑历史变迁的业余探索。

　　我主要通过网络调查和电子图像研究，谷歌、电邮、电话，一切可行的办法，能用就用。历经两年多的努力，我搜寻了华西大学诸多建筑的历史沿革，采访了大学创建人和设计师的后人，查询了建校初期建筑物的原始图像，并获得了转载的全部版权。

从调查得知，华西坝钟楼在1953年做过结构大变的改建，原因不详。改建设计师古平南显然继承了优秀的建筑美学观念。巧合的是，他的老师就是具有"中国新建筑"大师美誉的杨廷宝，正好也是著名的贵格大学宾夕法尼亚大学建筑学的高才生（梁思成也是这里毕业的）。古平南建筑师把原楼的缺点做了一些修整，加入了北京故宫的皇家建筑特色，使这座华西大学老建筑显得更加大气壮丽。他的改建没有偏离原设计师的设计初衷，应该算是在艺术上加分的改造。

同时，不光是钟楼经过了改建，志德堂（卫生系楼）、怀德堂（办公楼）、启德堂（医牙学院楼）和育德堂（生理药理学楼）也不是建筑师原来设计的模样。最让我吃惊的是，当年被誉为华西坝最美建筑的万德堂（药学系楼），现在已面目全非，与原貌大相径庭。

因1960年"大跃进"时期的城市改建，万德堂原楼被拆除，并被重建于校东。其改建路径完全不同。不知姓名的设计师和修建者们把华西坝这栋中西合璧的绝世精品，做了巨大的结构改变，略去了标志性的楼亭，并按新时代的审美标准重新修饰，增添了风格大异的门廊，飞马腾龙被安插檐顶。

其他诸楼，也在不同时期有过修改。这些老建筑在新时代的"改头换面"，促使我更加认真和深入地去寻找它们原貌。

翻阅百年老校的历史旧貌，不仅回现了华西坝原有的绚丽华美，也引出了更多的发现。原来，华西坝老建筑的设计师比我们认识的更加伟大，这一建筑群也绝非普通的中西合璧。它们在建筑学的历史长河中里程碑式的价值，值得我们认真地重新认识。

简单说，华西大学老建筑是西方贵格式建筑东行的产物。贵格会（Quakers）是基督教新教中人数很少却影响甚大的一个派别，正式名称是公谊会（Religious Society of Friends），起源于英国，后因受迫害而迁徙，更多发展于美国。贵格会兴起后，恰逢建筑学上新古典主义（Neoclassicism）和"艺术与工艺运动"盛行，逐渐形成了自己特有的既追求效益又讲究优雅（Utilitarian yet elegant）的贵格建筑风格。用现在时髦的说法，贵格建筑是一种讲求"空间效益最大化的'精明建筑学'"。

经典的贵格建筑并不少见。美国华盛顿的国会大厦，就是由英国贵格建筑师威廉·托恩同（William Thornton）设计的。美国费城的独立宫，也是贵格会修建的典型贵格建筑。贵格会注重教育，与著名的康奈尔大学、宾夕法尼亚大学和霍普金斯大学等渊源深厚，在这些大学留下了大量贵格风范的建筑。一个偶然的机遇，由贵格会建筑师荣杜易牵线，贵格大学建筑走到了遥远的东方，直接到了中国近于"边疆"的四川，在成都的华西协合大学留下了世界上最后的贵格大学建筑。

荣杜易出身于一个英国贵格会家庭，作为英国第一个"艺术与工艺运动"建筑师，有着深厚的贵格文化底蕴。他一生所设计的建筑，几乎全是贵格式建筑。为设计出能为中国人所接受的中西融合的建筑,荣杜易不远万里,亲赴成都,对川西本土建筑特色与民风民俗进行实地考察。

在穿越长江天险的过程中,荣杜易兄弟乘坐的木船,在经过三峡时纤绳断裂,离纤的木船在激流漩涡中如脱缰的野马,颠簸回旋,翻转无定。大家都脱衣解带,做好了跳水逃生的准备。幸而他们遇上了巡逻的救生船队,才得以大难不死,继续前行。而同行的中国翻译,反因此次遇险惊魂不定,离队而返,发誓永不入川。

正是荣杜易把当时最新潮的"艺术与工艺运动"建筑特色和贵格建筑简约大气的时尚风格,带到了世界的东方、中国的西部,成功地让它们和最乡土的川西本土建筑风格完美地融合为一体,成就了贵格建筑的中国化。在华西校园,他入乡随俗,用川西楼亭置换了贵格的西方特色,以本土的青砖黑瓦取代了"艺术与工艺运动"的红砖拱门和弧形窗饰,延续了贵格建筑喜好的山字形布局,融合了中国建筑与贵格建筑共有的对称平衡,创造出了华西协合大学特有的建筑风貌。

荣杜易在四川成都的设计,完成了他人生的最大成就:世界上的第一个,也是最后一个融合贵格会风格的中式建筑群。也可以说,华西协合大学是世界上唯一一个在校园建筑上和美国常春藤名校中的贵格大学分享同样知名建筑风格的非美国大学。从这个意义上讲,华西协合大学建筑既是中国的唯一,也是世界的罕例。它在建筑学上的意义,远不是"开中国新建筑先河"这么简单,它是在世界上把西方闻名的贵格建筑在中国成建制扩展的成功实

践，也是这类中西融合形式成功保留下来的唯一高品质典
范。

　　华西大学老建筑是东西文化碰撞与融合的结晶，既可
见传统的延续，也开启了成都现代化的起点。长期作为成
都地标的华西坝钟楼，就是成都历史演变的重要一笔。了
解华西大学老建筑的变迁，有助于更深入地理解和演绎成
都现代化的历程。进而言之，从东、西方贵格建筑的异同
比较，可以了解它们的内在联系和沟通的根基；探索华西
坝老建筑的历史和文化渊源，也可增加对"中国新建筑"
理解的广度和深度。

　　一言以蔽之，我们过去大大低估了华西建筑群的历史
与文化价值。

　　艺术与科学，文化与历史，本来就是一家。在华西

这是作者尝试用国画的风格描绘的华西协合大学的老建筑怀德堂，是荣杜易在华西坝所建最典型的中西合璧式建筑，外表具备中国皇家宫廷建筑的巍峨壮丽，而内部完全是典型西式贵格建筑的坚实结构

大学老建筑里，它们得到了完美的体现。或许可以说，没有内心对艺术的爱好，我不会迷恋上华西大学老建筑的美景。没有对新旧建筑异同的探索，也不会看见华西大学老建筑的深刻文化内涵。

经历两年多的写作过程，体会了无数的迷惑与惊喜，回想过去的时光，正是那日日怀念的"钟楼朝霞"，在激励着我探索。放下笔墨，回观既往，眼前又回现出了四十年前的景象。

还记得那个星期天早上，华西坝是那么宁静。满池荷花在晶亮的露水中如出浴般绽放，第一缕阳光轻轻地落在钟楼顶上，为半壁天空和钟楼抹上了一片绯红的油彩，霞光罩顶，大气如虹。我沉醉在美景之中，饱蘸着五彩霞光，用画笔转移着上天的美景，如有神助。画在纸上的华西坝钟楼，如雷清芳老师当时所言，真是"太漂亮了"。

《钟楼朝霞》那幅画虽然丢失了，但珍藏于记忆中的"钟楼朝霞"永远不会丢失。钟楼当年的叩击，就像一首歌的歌名，是我和钟楼的一个约定，也是艺术对我的召唤。正是那一片朝霞照耀着我，不断探索"贵格东行"这一段美的历程。建筑向被称为"凝固的音乐"，我更竭诚希望，能和读者一起分享华西大学老建筑这独具魅力的绚丽乐章。

2017年5月5日 记于北国谐宁堂

目 录
Contents

第一章

贵格建筑与荣杜易

一

贵格会与贵格建筑

贵格会/公谊会

四海之内皆兄弟。——贵格会

公谊会（Religious Society of Friends），也称贵格会，于17世纪起源于英国和爱尔兰，创始人是乔治·福克斯（George Fox）。由于开初有的教友在听经时会产生颤抖，在该教会蓬勃发展的美国和其他国家，他们又更多地自称Quakers，即震颤者。他们在联合国和中国的中译名称是贵格会，部分中译也有称为教友会、兄弟会、朋友会（Friends）的。在基督教新教的众多教派里，公谊会/贵格会只是一个很小的派别，总人数不及基督徒总数的万分之一。由于进入华西协合大学的这支差会来自英国，自称公谊会，但本书在行文中涉及英国及华西大学的描述中将更多使用贵格会的称呼。应该说，在世界上更常用的称呼是贵格会（Quakers）。

贵格会信徒目前全世界只有几十万人，不足全世界二十几亿基督徒的万分之一，其中美国就占了一半，且大多居住在美东地区，尤其是美国首都华盛顿附近的宾夕法尼亚州和马里兰州。所以宾州的首府费城，又叫贵格市（Quaker City），它既是美国宣告独立的地点，也是美国早期的首都。贵格会主张人人平等，天下和平，不打战争。聚会地点不称教堂，叫会议室，他们基本不做宣讲，不称牧师，牧师的作用是联络人。

由于贵格会的亲民和普罗的特性，中国文化名人、美国贵格大学康奈尔大学毕业生于右任先生曾预言："贵格会将会是最容易在中国传播的基督教。"中国的文化名人胡适、赵元任和科学家茅以升都毕业于贵格名校康奈尔大学。而中国的三个建筑名人梁思成、林徽因、杨廷宝全都毕业于深受贵格文化熏陶的名校宾夕法尼亚大学。

19世纪后期，贵格会进入中国传教，他们一支来自英国，一支来自美国。来自英国的一支，进入中国后，深入到地处西南边疆的四川重庆、成都一带。闻名中外的成都华西协合大学的建立，就包含了他们的功劳。新中国成立后，公谊会的传教士和华人信徒们大多退至台湾。"文革"后全国公谊会／贵格会估计仅余不到五六十人。如同他们悄悄地来，又无声地去，公谊会／贵格会在中国已如过往云烟。当今的中国人，甚至包括不少三自爱国会的基督徒，都对公谊会／贵格会几乎未有所闻。但贵格会留下的精神遗产和物质（建筑）遗迹，正如玛雅或三星堆的遗迹，永远是后人可以体会和回味的财富。

贵格会的会徽
红黑双色八角星

公谊会（贵格会）的
创始人乔治·福克斯
（George Fox）

桂格麦片的商标

贵格会的会徽是一个红黑双色八角星，起源于第一次世界大战中贵格会救护队的标志。传说四角红星与红十字会有点相似，在战争中救护时可以不致引起交战方的误会。有趣的是，和另一个族标和国徽为蓝色六角星的犹太人相似，他们都是地球上人数极少，而影响力极大的民众。如果你还是认为贵格会是闻所未闻的天外之物，那给你看一个全世界尽人皆知的东西，早餐食品桂格麦片的商标就是以美国贵格会奠基人彭威廉（William Penn，他的姓，也是宾州州名的来源）的头像来做标示的。据厂家说，这个头像代表了麦片的"品质和信誉"，像贵格会会友一样诚实和可靠。

贵格会是一个倡导平等、自由、理解的宗教流派，倡导人与人之间的平等，四海之内皆兄弟，主张和平主义和宗教自由，反对任何形式的战争和暴力。该教会在历史上坚决反对奴隶制和一切战争，是美国南北战争前后的废奴运动中的主要力量之一。贵格会在两次世界大战中坚定站在受害者一边。目前满街可见的救护车，就是由贵格会首创的救护车系统（Friends Ambulance Unit，FAU）演化而来，贵格会因此获二战后第一个诺贝尔和平奖。

贵格会的反战是超政治的，在美国于珍珠港事件后是否对日宣战的国会辩论会上，唯一投反对票的议员就是贵格会议员。贵格会对中国的贡献更是有目共睹，他们没有任何的功利与传教布道的意图与动机，只有自我无私的奉献和对信仰的坚贞与执着。

（上）1947年诺贝尔和平奖：
贵格会救护车队，Friends
Ambulance Unit（FAU）

（中）荣获诺贝尔和平奖的贵
格会的救护车队（FAU）和贵
格会的驼峰运输队在中国。车
门上的圆圈三角就是FAU的
标志

（下）贵格会救护车队（FAU）
的运输队在前往抗日根据地
途中

贵格会在华筹办了上百所中学、大学，本文后面还会有更多介绍。在中国抗战时期，一个小小的教会团体，竟然送出了一支150辆车的运输车队和一支医疗救护车队（FAU），参加从印缅向中国的抗战后方的物资运输和伤病救护工作，其中也包括共产党领导的抗战地区。

抗战时在共产党驻扎的延安地区工作的唯一一支外国医疗队，不是来自共产国际，也不是白求恩的医疗队，而是由贵格会的医生、护士组成的"贵格会援华医疗队"！为救治一位八路军重伤员，医疗队长、来自英国牛津大学的叶彼得医生果断抽出了自己400毫升鲜血，救活了中国的战士。他唯一自豪地表扬自己的话是："小伙子，你现在的血管里也流着我们国际'朋友'（公谊会的英文就叫'朋友'教会）的血液了。勇敢地上前线继续战斗去吧！"

在麦肯锡反华时期，美国贵格会坚持公开反对美国的反华、反共行为。在中美建交上的漫长征途中，贵格会两次组织国会和政要访华团。在中国的三年困难时期，6位贵格会代表会见肯尼迪总统，要求运送粮食到中国去救济中国的饥民。他们的对话很动人。总统："中国是美国的敌人，当敌人的手叉已经在你脖子上了，你还想援助他们？"回答是："您说的完全对，总统先生，我们必须援助中国的饥民。"能够有勇气打破中美断交坚冰，亲赴北京，和中央大国握手，完成中美建交大业的美国总统，不是别人，正是美国历史上的第二位贵格会教徒总统尼克松（Richard Nixon）先生。他们选择了前往中国去传达与中国人民的友谊，这绝非只是一个偶然。

贵格会极重视教育，贵格会也讲究谦虚敬业，主张学术上的德艺双馨。著名的贵格会科学家处处皆是。虔诚的贵格会教徒的子女多就读于贵格会自办的贵格学校。设计美国国会大厦和华西协合大学校园的两位建筑师都是贵格学校培养的优等生，而且都没有上过建筑专科大学。

美国排名前十的大学（也包括八所常春藤大学中的一所）就有两所大学是贵格会所创立和建设起来的，它们分别是马里兰州的约翰·霍普金斯大学和纽约州的康奈尔大学。在美国，没有任何宗教派别能享有如此盛名。其他知名的贵格会创立的本科文理学院和高中就不计其数了。在美国的诺贝尔科学奖获得者中，仅康奈尔大学一校，即有41名之多。其中2014年一年，康奈尔大学一校即有2名诺贝尔科学奖获奖者。约翰·霍普金斯大学也有36名获奖者，相信其他大学很难比肩。另外还有美国前总统克林顿和奥巴马，副总统拜登等名流士绅均毕业于私立的、收费不菲的贵格学校。

历史上贵格会在科学上的贡献也颇大。举个例子，作为科学界最基本的计量单位道尔顿（例如，氢原子质量为1道尔顿，胰岛素分子量为5800道尔顿）就是以贵格会科学家道尔顿（John Dalton）命名的。而医学上最经典的淋巴瘤就是贵格会医生何杰金（Thomas Hodgkin）

发现的何杰金氏淋巴瘤。由于贵格会主张自力更生，推崇集体生活，在居家、建筑方面贡献良多。例如我们天天要用的洗衣机、圆盘锯，都是美国的贵格会友发明的。

贵格建筑

在建筑方面，贵格会的建树尤其出色，这也是本书要讨论的重点。大量的集体活动和不断的迁徙，使贵格会涌现了大量具有革新精神、因地制宜的优秀建筑家，其中当然必须包括设计华西协合大学的优秀贵格会建筑家荣杜易建筑师。他们尤其擅长中等或大型的社区建筑，如社区中心、集体宿舍、会议室（即贵格会教堂）和学校，形成了独树一帜而且闻名天下的贵格会建筑风格。除了沿袭历代西方建筑的传统之外，贵格会建筑突出了简约、对称、平衡，亭楼"H"形或"山"字形布局，以及紧跟潮流的"艺术与工艺运动"风格装修。

贵格建筑最主要的对称和平衡风格，和中国传统建筑的追求如出一辙。不是如不少评论人指出的西人设计的"华西大学老建筑迎合了中国人喜爱的对称平衡的风格"，对称平衡本来就是贵格建筑一贯的风格，哪怕在未听说中国之先即已存在。正因为如此，中西文化相遇的冲撞，在贵格会建筑和中国传统建筑之间，达到了最和谐的相容。看过本文引用的这几张图例，你多半会认可华西大学老建筑的贵格会风格了。不用赘述，大家轻

易地就能看到它们和荣杜易设计的华西大学老建筑绝对是师出同门。实际上，在华西大学校董会所要求的"中西合璧"建筑方案上，它正是荣杜易最拿手和最容易的选择，因而也是荣杜易之所以成功中标的主要原因。

贵格会在美国留下了大量的贵格建筑。美东大量的中学和大学，包括著名的康奈尔大学和霍普金斯大学等，都建有典型的贵格建筑。最经典且闻名天下的美国国会大厦（国会山）就是由最正宗的英国贵格建筑师威廉·托恩同（William Thornton）设计的标准贵格建筑。印在美元百元大钞上的美国费城独立官，也是典型贵格建筑。它们在美国的地位，无须笔者来强调。在它们的建筑风格上，你多少都可以看到似曾相识的华西大学老建筑影子。

（左）最简单，也是最经典的贵格式小车库兼储藏室和小塔楼

（右）建于1703年的最早的美国贵格学校之一，与左边的传统贵格储藏室风格非常一致

贵格名校霍普金斯大学的马里兰堂（Maryland Hall）。对称平衡，红砖外墙、中心小塔楼、老虎窗、门梯，是经典贵格大学建筑

贵格的大学建筑

　　贵格会从英国被迫西迁，在美国留下了大量完全由贵格建筑师或贵格大学受聘建筑师设计的大学，如康奈尔大学、霍普金斯大学、哈弗福德学院（Haverford College）、史瓦兹摩尔学院（Swarthmore College）等。

　　贵格建筑的发展有其历史时代的特征。它延续了传统西方建筑的一个极具特色的派别。简而言之，它既有深厚的文化底蕴，又是顺应时代的产物。贵格建筑兴起是工业化后期文化复兴，建筑学上新古典主义（Neoclassicism）盛行的产物。贵格建筑不同于它们的是，它既接受了文化发展的高端积淀，又应用于一个饱受迫害、游动迁徙的群体，它的产品必须要简明、实用，且便于建设。因而，贵格建筑的原则一开始就定为：既追求效益，又讲究优雅（Quaker Principles of Architecture: Utilitarian Yet Elegant.）。用现在时髦的说法，贵格建筑是一种讲求"空间效益最大化的'精明建筑学'"。

贵格建筑有其典型的结构与外观特征，它们虽非贵格建筑所独有，但却在贵格建筑中优先且广泛地被采用。当你看完这些美国经典的贵格大学建筑，你一定会得出同样的结论。它们的原则是：对称，平衡，简约（Quaker Principles of Architectural Structures: Balance, Classic Proportion and Simplicity）。这正好也是中国传统建筑讲究的原则。正是因这一点，贵格建筑家荣杜易才战胜了国际知名的建筑大家，以他熟知的技术和文化底蕴，赢得了华西协合大学建筑总体设计的投标。他的设计，已被历史证实是非常成功的。

贵格建筑既然是新古典主义（Neoclassicism）同期产物，它也就主张保留哥特式，或罗马式，或古希腊的主体稳固结构，反对洛可可或维多利亚的奢华修饰风格。贵格会的被迫大迁徙则让它独创了改良的哥特式的简化结构特色。贵格建筑最讲究对称平衡，它的建筑大多是对称体，多数有新古典主义惯用的中间高、两头低的"山"字形对称。不光是立面，平面布局也是"山"字形或"H"形的对称，又称立体"山"字形对称。

1875年建成的美国著名贵格大学康奈尔大学管理学院萨吉堂

贵格建筑师荣杜易设计的华西协合大学理学院大楼合德堂。它的"山"字形布局、对称平衡就体现了贵格会的建筑特色。"艺术与工艺运动"的红砖拱门和弧形窗饰在这里入乡随俗,变为黑色

美国贵格名校霍普金斯大学的音乐厅喜睿堂（Shriver Hall Concert Center）。经典贵格建筑，对称平衡，三基分列，红砖外饰，标准贵格小亭，浮雕门饰，三重拱门和漂亮的红砖外墙

贵格建筑师荣杜易设计的华西协合大学药学院的万德堂，也是经典贵格会三基分列和塔楼，"山"字形布局，门梯、门廊，中式房顶、小亭，和荣氏特色中国版的"艺术与工艺运动"的青砖黑瓦

美国贵格名校霍普金斯大学老校区保留的当年校园某小区景观。远处是大学当年的音乐厅喜睿堂（Shriver Hall Concert Center），两侧是各分科学院的主楼。所有的建筑都是贵格大学建筑的经典代表

成都华西大学主校园中轴线布局。同样的中心亭楼，双侧教学楼堂（华西的教学楼大多被树木遮挡），不同的只是中央的草地与荷花水路

贵格教派起源于北英国或爱尔兰文化背景，贵格建筑也喜欢并保留了不少英国早年的乔治亚式建筑特色，即新兴的中产阶级有节制地显示荣耀的象征（华西大学的建筑师荣杜易也是弘扬乔治亚式建筑的爱尔兰古建筑协会的荣誉会员）。乔治亚式建筑的最大特点也是讲究对称以及外形结构的简洁，喜好对称排列门窗或侧楼，同时也主张具有一定的不过分奢华但又要宣示传统的表面修饰。它比新古典主义建筑派老，但又比维多利亚建筑派新。贵格建筑也传承了很多乔治亚式建筑的传统。

美国的早期建筑受英国流行的新古典主义和乔治亚式建筑的影响颇大，而贵格会建筑大量采用了以上的风格，美国开国早期的建筑也受贵格会在美东的兴盛和发展的影响。如贵格建筑师设计的华盛顿国会大厦，影响极大，各地都修建了不少类似的建筑，以至于有形成美国建筑的"联邦式建筑"之说。仅在当时的马里兰州、宾夕法尼亚州、新泽西州、俄亥俄州、特拉华州就有不下20所贵格会大学和超过30所贵格会中学先后修建，以至在这些州里到处都是红砖对称的楼房。

在中国，华西协合大学是唯一一所有独特的中西融合的贵格会风格建筑群的大学。从这个意义上也可以说，华西协合大学还是中国唯一与美国名校常春藤大学在建筑上拉得上点亲缘关系的学校。这是华西协合大学建筑与其他中国教会大学建筑不同的地方，它是有系统、有选择地采纳了特定的西方建筑风格（即贵格建筑风格），再与川西本土建筑文化相融合的特殊产物。

以上我们简要介绍了贵格建筑的外形特色，关于贵格建筑的结构细节，我们在此不赘述，将在涉及华西协合大学的具体大楼的介绍时加以细说。

公谊会华西三杰

公谊会（即贵格会）对华西建校的贡献，不仅在建筑设计上融入了华西的文化积淀，而且在人文上促进了建筑的融合。早在荣杜易入川之前，华西奠基人之一的陶维新已经把公谊会建筑介绍给了四川的民众。1887年所建的重庆公谊会广益中学应该是四川最早的贵格会建筑。陶维新在成都办的广益学校和后来的华西协合中学，以及他中西结合的成都住宅的高台基风格，对初入成都的荣杜易后来设计华西小洋楼和具有川西特色的校园主楼均有显著的影响。公谊会的务实与亲民的文化在华西协合大学的建筑风格上得以体现。

陶维新

说到贵格会与中国的情缘，还有一个故事。传说在火烧圆明园的英军队伍里有一名来自北爱尔兰的年轻下士叫陶阿大（Adam Davidson）。他目睹了八国联军在中国的烧杀抢掠，遥望圆明园焚烧的烟火和眼前友善的中国人民，他心中的基督教义与残酷的现实产生了极大的冲撞。他因而拒绝执行任务，决心加入公谊会并投身反战事业。他立下志愿要帮助中国人民解除苦难来救赎自己曾犯下的罪孽。

1885年，他把他的儿子，陶维新（Robert）、陶维义（Alfred）、陶维博（Warburton）和陶维理（Henry），都先后送到中国。大哥陶维新（Robert Davidson）临行前，陶阿大突然重病不起，陶维新决定留下照顾父亲。陶阿大对儿子讲："你不能留在家里。你必须去中国。你要告诉你见到的中国人，你是拿着《圣经》而不是枪炮去中国的，而你的父亲曾经错误地带着枪炮去过中国。"

次年（1886年），不满20岁的陶维新夫妇二人，作为英国公谊会指派的首批中国公谊会开创人，不远万里，长途跋涉，来到"街面不整，魍魉穿行"（摘自华西协合大学校长毕启：《大学的开始》，1934年）的中国。辗转于汉口、重庆、成都、三台等地，历经无数艰辛，包括被拳匪打成重伤。但陶维新始终不屈不挠，在成渝两地开书局，办男／女中学，设诊所。他历任重庆广益男／女中学、成都广益学堂、成都华西高等预备学

1883年英国公谊会给陶维新出具的中国行"出师表"

堂（后更名为"华西协合中学"）的首任校长。1904年陶维新被选为公谊会四川区的主席。1905年，几个差会在成都筹划组建华西协合大学，陶维新时任基督教华西教育会秘书，因此转到成都负责筹办工作，并兼任成都高等师范学校英文教师。

1904年，公谊会的陶维新与美以美会的毕启博士、英美会的启尔德医生等，联合英、美、加教会共同集资，决定在成都修建华西协合大学校舍。1911年为组织华西协合大学校董事会，陶维新到美国及英国游说各教会，解决了人选和资金等关键问题。作为华西协合大学的发起人和奠基人，陶维新和公谊会功不可没。待华西协合大学工作步入正轨之后，陶又回到重庆，继续担任广益中学校长，力促公谊会在重庆的教育发展。

陶维新1887年在重庆建立的第一所公谊会中学重庆广益中学。伊甸园般的校园和地道的公谊会风格建筑

陶维新1908年在成都青龙街办广益学堂时的住所兼校舍。这是一座有台基的川西建筑。陶氏夫妇站在楼口与用人的合影

成都广益学堂的童子军和教官。背景即是陶维新的住家

成都广益学堂的童子军出操

陶维新自豪地站在新落成的成都广益学堂新楼的前面。这是成都最早的有贵格会风格的建筑

迁往华西坝后重建的另一贵格会校舍"华西协中"教学楼。此楼有飞檐-反宇的中国式大屋顶,也带有已改为中国屋顶式样的公谊会建筑小亭楼,这向荣氏经典的"中西融合"又进了一步

已转战到成都办教的陶维新夫妇,风华正茂,信心满满

岁月不饶人。不到20岁即来华耕耘的小青年陶维新夫妇,在离开中国前已是白胡子老爷爷、老奶奶

陶维新在川近40年，带着父亲的期望和公谊会的重托，无怨无悔，勤勤恳恳，默默在川东、川西两地耕耘，为中国的青少年教育贡献了一生。1925年，陶维新结束了他在中国的工作，悄悄地从中国回到英国。如同悄悄地来，也是悄悄地走，他没有带走万贯家财，带走的只是一片云彩。他建设包括华西协合大学在内的若干学校，培养了千百位接受过与国际接轨的新式教育的中国学子，他们后来成为医生、学者、人民教师、科学院院士、人民解放军战士，甚至还有党和国家领导人。这些人都是建设新中国的栋梁之材。

陶维新回国后长期住在伦敦，于1942年病逝家乡。他没有"享受"或向中国人民索要任何"待遇"。

杨振华

陶维新在中国几十年培养了成百上千具有西方科学素养的公谊会学生，他们为中国的发展和建设积极贡献力量。第一批学生中有一位叫杨国屏的人，后来成为重庆广益小学的校长和成、渝两地广益中学的校董。

杨先生的儿子杨振华也是广益幼儿园、华西协合中学以及华西协合大学医学院的毕业生。杨振华医生后来又成为华西医院的胸外科创始人和20世纪40年代华西大学医院的院长。和公谊会的前辈一样，杨振华医生勇敢地投身于战地医疗工作。在抗美援朝的战争中，他出任中国人民志愿军医疗队的副队长，在战场上救死扶伤，他所在医疗队共收治伤员16000余人，杨医生因而荣立三等功。

时任华西协合大学医院院长、公谊会在华最后会友之一的杨振华医生站在新建不久的华西大学新医院的大门口

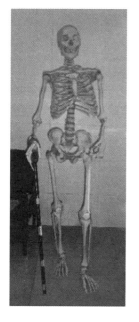

（左）
杨教授逝世后，遵本人医嘱将其高大的骨架永远挂在华西大学解剖教研室

（右）
杨振华（前左3）教授和回成都访问的华西大学校友文幼章先生（前左4）在医学院办公楼前合影。杨教授左边是华西医科大学知名校友文幼章先生，右边是华西医科大学校友和地下党负责人彭塞先生（前左2）

抗美援朝回国后，杨医生领导创建了华西医院的胸外科，勤恳教学，育人无数。笔者也曾在杨老师指导的病房实习数月，亲身体会了杨老师的精湛教学。最惊人和感人的是，在当时反西方意识形态甚嚣尘上的环境中，杨教授不惧压力，仍坚持用中英文混合查房。他坚信，要与国际先进医学接轨，没有国际交流能力，是不可能做到的。

在杨教授96岁去世以后，把他的遗体捐献给了他热爱的华西大学解剖教研室，供教学之用。他高大的骨架，永远地挂在了华西大学的教室里，留在了他的父辈和公谊会的先贤们开创的中国医疗教育的圣地上，可谓可歌可泣。

苏道璞

他是公谊会在华西的另一位杰出人士，英国人称之为"几乎就是一个中国人"。他就是为自己投身的事业献出了年轻生命的前华西协合大学副校长、化学系教授苏道璞博士。

苏道璞（Clifford Stubbs）于1888年11月出生于英格兰的中部，父亲是基督教长老会的牧师，母亲是贤慧能干的家庭妇女。当他才15岁时，母亲就去世了。他聪明勤奋，在校学习成绩优异，每年都赢得奖学金。21岁毕业于新西兰大学，在荣获文学硕士后，又到英国利物浦大学继续深造并获得理学博士学位。

苏道璞有强烈的平等和反战信念，对英军在中国的暴行深怀内疚。本着"主就在人们的心里"的公谊会教义，怀着仁爱与奉献，以及"化解中英战争创伤，促进中英友好的超时代信念"，他决心要去中国，为中国人民奉献自己的才智。得知在中国西部的成都刚成立了华西协合大学，他认为这是他应该去工作的地方。于是，他去拜会了刚从中国回英休假的同是公谊会成员的华西协合大学副校长石恒励（Harry Silcock）。

1913年25岁的他，以公谊会会员的名义，远离家乡，漂洋过海，来到一个"城市由城墙围着，晚上要关闭城门，几乎与世隔绝"的中国内陆城市成都，开始了他的中国生涯。第二年（1914年），他的未婚妻莉斯（Margaret Lees）也离开伯明翰来到成都，并于1915年6月同他结婚。苏道璞一直在华西协合大学工作了17年，

时任华西协合大学副校长时的苏道璞

2013出版的纪念贵格会会友苏道璞的传奇一生的《几乎就是一个中国人》一书的封面

直到1930年逝世于岗位上。

才华横溢的年轻化学家苏道璞来到成都后立即在华西大学创建了化学系。为了以平等博爱之心与同事、学生和市民打成一片，苏道璞以身作则，把自己当成一个中国人。为了在几乎没有西方科学素养的环境中更好地普及科学知识，更方便地解释化学的疑难，他努力学习中文，很快就可以用流利的成都话教学。成都人亲热地称他"苏洋人"。有一次要到离成都300华里外的三台县开公谊会年会，由于交通落后，路途曲折坎坷，需走三天时间。其他洋人都坐轿子，而苏道璞则骑了一辆自行车，上坡下坡他还要把自行车扛在肩上走。同事问他："你为什么不坐轿子呢？坐轿既舒服又省力。"苏道璞回答："坐轿子很不人道。我不愿把中国人当作牛马一样使唤。除非有病走不动，否则我永远不会坐轿子。"

苏道璞博士和他的家属每4年回一次英国休假一年。这是所有外籍教师都享受的待遇。每次从英国回到中国，都需从上海坐船到宜昌，在宜昌再换马力充足的小轮船逆流而上到达重庆。当时中国军阀混战，土匪猖獗，各种船只在途中经常受到抢劫。英国商船为免受抢劫之灾就寻求英国军舰紧随前后，或在商船的前后挂上外国国旗（如英、美、法、意等国国旗）。

作为一名英国人，苏道璞到达宜昌后却拒绝坐受外国保护的轮船。他认为自己到了中国，已经入乡随俗，就是一名中国人，没有特权享受中国人无法享受的待遇。苏道璞宁愿耽搁几天，一直等待没挂外国国旗或受外国军舰保护的商船经过宜昌时才肯上船。大概一星期后，苏道璞终于搭上中国船回到重庆。在重庆，作为一名足以"享受待遇"的华西协合大学副校长，出于人道，他拒绝坐轿子，千里走单骑，毅然徒步走回成都，一路所经历的艰辛，现在的人真难以想象。苏道璞博士的所作所为赢得了无数中国人的钦佩和爱戴。他热爱中国、同情中国人民及和平主义的行为广受赞颂。

苏道璞是运动狂人，出门从来是骑自己的自行车。每日黄昏，他都在大校门外的锦江用自己设计的小船做划船运动。放假期间，常带家眷到青城山避暑，与当地农民为友，送医送药，访贫问苦，很受农友欢迎。回英国期间，除了探望亲友，他也从不错过机会，在英国各处，乃至国会去讲演，主张平等互惠与中国邦交。

爱好运动的苏博士有一辆自行车，当年成都人称为"洋马儿"，是成都当年三部"洋马儿"中的一部（华西坝两部，市邮局一部）。没想到，这个奢侈品给苏博士带来了杀身之祸。1930年5月31日晚上，苏道璞外出会见友人时，遭遇暴徒抢劫他的自行车，并把他刺成重伤。当他从昏迷中苏醒过来时，首先要妻子代为转告成都政府，不要因自己的事件而引起中英两国关系再度恶化，也不要处死凶手，以免他们的妻子成为寡妇。苏博士家人频繁走动中英双方，既要阻止英政府出面干预，又要游说中国法庭，不要惩罚疑犯，以免让更多家庭遭受痛苦。苏道璞的精神感召着世人，坊间争相传颂。在他辞世后，他"家乡"的成都人民为他举行了最隆重

化学楼前的"苏洋人"（前左
1）和他的"洋马儿"（右），摄
于1921年华西建校初期的生
物楼门口

的追思悼念会。在英国，他也得到了他所期待最高的赞
誉，"几乎就是一个中国人"。

苏道璞去世后，华西协合大学命名了一座道璞楼（现
化学楼），一条道璞路，一项道璞奖学金，以资助中国穷
人上学。苏博士及家人，以亲身的行为，不仅把科学文化
带到了成都，更把他们的仁爱甚至生命，都完完全全地留
给了华西大学和中国人民。苏道璞的遗体就埋葬在他最热
爱的华西协合大学的校园内。为了纪念这位质朴慈善的化
学家，当时华西坝五大学师生联合捐资兴建了化学楼，即
苏道璞纪念堂。质朴庄严的大楼入口处，悬挂着"所过者
化"的匾牌，此系1941年全系师生所赠，以此纪念英国化
学家苏道璞博士。

"所过者化"，出自《孟子·尽心上》，"夫君子
所过者化，所存者神，上下与天地同流"。它指的是圣
人所到之处，人民都能受到他的德行感化，内心所感受
的，更是神奇莫测。他的德业上可配天，下可与天地同
运而并行。此处既隐喻了化学科学的神奇，也是对苏道
璞博士的赞誉。

　　一个外国人，毫无利己的动机，把中国人民的教育
事业当作他自己的事业。他的"毫无自私自利之心的精

苏道璞博士为华西协合大学
创立的化学系所在的化学楼
（苏博士去世后为纪念他修
建的苏道璞纪念堂）

神", 活脱脱地展示了一个真正的"高尚的人, 一个纯粹的人, 一个有道德的人, 一个脱离了低级趣味的人, 一个有益于人民的人"。这也是苏道璞一生努力展示的, 完美的, 几乎就是的中国人。

二

由红到黑："艺术与工艺运动"

　　要讨论华西大学老建筑的贵格建筑特色，就必须谈到建筑学中闻名的"艺术与工艺运动"。贵格建筑风格的形成，与其所处的时代有着密不可分的联系，当时风头正盛的"艺术与工艺运动"显然给贵格建筑风格注入了最新潮的一笔。贵格建筑师荣杜易生于1860年，此时正是世界建筑史上一个改朝换代，从古代建筑向现代建筑转折的时期。当时在维多利亚时期曾经风靡一时的巴洛克建筑风格已日渐式微，曾经追求的繁复夸饰、富丽堂皇、炫耀财富与权贵，已逐渐为人们，特别是普罗大众和文人墨客为主的文化人所厌倦。适逢此时出现的工业革命又催生了一段看上去单调乏味的，所谓"没有灵魂"的直线条"工业现代化"的建筑风潮。艺术的华贵与贫乏在此时产生了巨大的对立与碰撞。

　　于是，在19世纪末期，一股追求复兴古典艺术与自然风貌，怀念哥特式建筑风格的变革开始悄悄地在英国兴起。人们在生活中开始寻求一种既不过度追求豪华富丽，又反对粗暴的简单平庸，既要尊崇自然美，又要讲究艺术感，即一种可以融合古典与现代的折中复古主义风格，并逐渐成为当时普罗大众所接受的审美观点。

莫里斯和他的"红楼"

在当时，这一场轰轰烈烈，席卷了文化、艺术、服饰、装修领域，同时更是改变了整个世界建筑历史的改革运动，被称为"艺术与工艺运动"（Arts and Crafts Movement）。如文艺复兴运动极大地提高了艺术在人类历史发展中的作用一样，"艺术与工艺运动"重申了艺术在建筑中的崇高地位。建筑不是服饰，不但是人人每天要"肌肤相见"的，而且它是能历时百年，乃至千年的艺术品。一个好的建筑不但要经受历史的考验，还必须追求质量可靠、形式耐久，有的甚至还必须考究产品的美学乃至道德的价值。正因为如此，"艺术与工艺运动"因时造势地发展出了一种质朴、古典、清新的风格。它崇尚自然，力求格调的考究和高雅。它所推崇的风格尽管仍然属于古典风格的范畴，但其质朴、清新的特点又突出了古典风格向现代风格发展的过渡与转化。

简而言之，"艺术与工艺运动"具有以下几个特点：一、强调工艺美术，反对机械单一；二、反对矫揉造作的维多利亚式风格，提倡哥特式风格的大气实用，主张简单、朴实，既提倡传统，又力主创新；三、在装饰上推崇自然主义和东方装饰艺术的特点（日本艺术，其实主要也是源自中国文化的艺术。彼时在巴黎博览会上展现了独特的东方魅力，极大地震撼了西方的东方传统艺术风格，成了当时新潮时尚的代表）。"艺术与工艺运动"最著名的代表人物就是兼有诗人、文学家、装饰设计师、艺术家和社会活动家于一体，同时也被尊为"艺术与工艺运动"奠基人的威廉·莫里斯。莫里斯并非建筑师出身，可是他挚爱建筑设计。他在建筑界的地位远高于他的其他造诣。他也是在世界建筑史上最具历史地位的"艺术与工艺运动"第一楼——英国"红楼"（The Red House）的设计者和修建者。

1859年，莫里斯和他的"艺术与工艺运动"朋友们决定要设计一座有独立特色的自住房屋，作为莫里斯自己新婚的"新房"。与维多利亚时代流行的外墙上敷有厚厚灰泥的对称式住宅建筑完全不同，此房呈"L"形，并不对称；有两层高，全部用红砖建造，室内外都直接

位于英格兰肯特郡的"红楼"（The Red House）是现代设计之父威廉·莫里斯和他的朋友于1860年自己设计、建造的"艺术与工艺运动"的标志性建筑。此楼代表了现代建筑设计的划时代转折，是世界建筑史上的顶级文化遗产

表现砖墙，室内用白漆涂过砖面或不漆的直接红砖（与华西大学怀德堂的内饰完全一致，见后文）。斜坡屋顶铺着红瓦，表现出建筑的筋骨和质感。屋顶上有哥特式风格的塔楼、老虎窗和高高的烟囱。1860年，莫里斯完成了他自己的新婚住宅"红楼"的修建。莫里斯当时强调了红砖、红瓦全部要用天然材料烧制而成。是谁烧制了这些很有特点的红砖、红瓦，至今不得而知。当时，这种红砖红瓦建造的住宅在建筑史上找不到相对应的风格，是英国第一座红砖建筑，因而美名"红楼"。

从此，莫里斯这位"艺术与工艺运动"奠基人设计的世界上第一栋用红砖建造的楼房一直被誉为"世界上最美的房子"。作为大自然的爱好者，莫里斯还认为，花园是建筑的一部分，造花园其实是造"外面的房间"。人和自然的沟通发生在与自己的房间相连的外面。红楼"外面的房间"有4间，用树篱隔开，包括一个药用植物园、一个菜园，还有两个花圃，种满了花木，比如茉莉、薰衣草、温柏，以及苹果、樱桃、梨子等果树（应该指出，老华西校园的设计与此非常类似）。

荣杜易和"艺术与工艺运动"

也许是缘分，那一年（1860年），正好也是荣杜易呱呱坠地的一年。作为一位时逢盛世的"艺术与工艺运动"建筑名师，荣杜易后来成了莫里斯去世后英国"莫里斯协会"办公楼的设计者和第一任"莫里斯协会"的负责人。

　　有趣的是，在40多年后，被后人誉为"艺术与工艺运动"建筑名师的荣杜易，在英国的约克郡也设计了一栋与先师莫里斯的红楼非常类似的"荣氏"红楼。这座建筑也是"L"形，也是不对称，一色红砖墙、红房顶，也有拱门、老虎窗、高烟囱和小花园，几乎囊括了红楼的所有标志性特征，它们的传承关系不言而喻。

　　莫里斯红楼的"遗传元素"，以后还出现在了荣杜易设计的华西协合大学的建筑里。红砖入乡随俗，在成都演变成了一色的黑砖墙、黑房顶，也有拱门，也有老虎窗和高烟囱，制造了一系列的"艺术与工艺运动"的中国版"黑楼"。令人惊奇的是，在华西协合大学老图

40多年后（1906年），建筑师荣杜易设计一栋非常类似，也是"L"形，不对称的典型"艺术与工艺运动"建筑，荣杜易版"红楼"。仔细看也还多少能看到一些老华西建筑的影子

书馆（懋德堂）的相片中，我们还可以看到，除了加了一点中式花边，荣杜易几乎照搬了红楼大厅的结构去建构他的华西大学图书馆懋德堂的大厅，也略加修改构建了怀德堂的殿堂楼厅。荣杜易对"艺术与工艺运动"的钟爱，和把它推向遥远的当时还几乎与世隔绝的中国，这二者之间，有着密不可分的关系。

由"红"到"黑"的中国式演变

"艺术与工艺运动"风格的建筑很快风靡世界。美国、欧洲、大洋洲至今都存有大量经典"艺术与工艺运动"风格的建筑，为世人称颂。它们均是由世界闻名的"艺术与工艺运动"建筑师所设计，都遵循了经典"艺术与工艺运动"的建筑风格，贯彻了莫里斯崇尚自然，采用当地天然建材的初衷，充分体现了"艺术与工艺运动"建筑入乡随俗的特色。

应该强调和正名的是，"艺术与工艺运动"风格的经典建筑也落户于中国，他们就在成都南郊华西坝的华西协合大学的校园里。它们都建筑在此运动席卷全球的高潮期，仅仅在英国红楼建成的50年后，由兼有贵格建筑大师和"艺术与工艺运动"建筑大师双重荣誉的荣杜易亲自设计。这正是华西坝的"中国新建筑"与其他"中国新建筑"的不同。华西坝老建筑是一组当时最新潮，也是史上最得体的所谓中西融合的经典外黄内白的"香蕉建筑"，它得的是正宗贵格建筑大师和"艺术与工艺运动"建筑大师的真传。

　　以下展示的几幅著名的"艺术与工艺运动"风格建筑图片显示了此项建筑新风潮在世界各地留下的遗迹。它们既显示了该运动风靡世界的入乡随俗，因地制宜地演变适应的经历，也彰显了华西大学老建筑和老祖先们之间的亲情与联系。

走向世界的经典"艺术与工艺运动"建筑，见证了英国红楼建筑的演化与变迁

美国最知名的"艺术与工艺运动"建筑，伊利诺斯州某图书馆

外中内西的"香蕉建筑"：东西方的和谐融合

"艺术与工艺运动"建筑由"红"到"黑"的演变，终于因荣杜易的机遇而走到了中国，经历了与中国古老文化的碰撞与全新融合。从"红楼"起家开始，我们已经看到"艺术与工艺运动"风格的建筑在风靡世界过程中展现的巨大适应性和强大生命力。

荣氏并非第一个修改莫里斯"红楼"的建筑师。在此风潮的后期，我们看到有逆反的两翼对称而中间不对称的"红楼"出现。当荣杜易接到要设计中西融合的成都华西协合大学建筑群，而且必须尽量就地取材的要求后。出于他特有的贵格文化熏陶和丰富的贵格会建筑的经验，他敏锐地体会到了贵格建筑与传统中国建筑风格和追求上的高度一致：平衡和对称。融合贵格会与中国建筑风格将是最简单、最成熟、最得体，也是一个贵格会建筑师最拿手的活计。

民间对于美国出生的中国人（简称ABC，American Born Chinese），历来有一个外黄内白的"香蕉人"的俗称，即外表看上去是黄皮肤黑头发的中国人，而一开口、一想事，则暴露出是不折不扣的"外国人""白人心"。荣杜易在打造设计华西建筑群的过程中，显然把这一理念融汇变通地用到了建筑的设计上。在华西建筑群的外形装饰上，荣杜易把"艺术与工艺运动"的装饰特色尽可能地转变为中国元素。纵眼望去，这些建筑外观上几乎就是华丽富贵的中国式宫廷建筑。让中国人看来，远观很中国，近看很"洋气"，得到民众广泛的欣赏。而所有建筑的内部结构则是完整无瑕地照搬了西方的建筑结构，几乎未用任何中国的传统结构。相比中国的传统建筑，华西大学老建筑无疑更具西方建筑的坚实牢固，大气宏伟。这些巨大的百年老屋经受了汶川特大地震的考验，无一发生结构性破坏。

在林林总总的"中国式新建筑"中，华西的建筑结构是最西式、最传统的。华西建筑的楼群又显然是所有"中国式新建筑"中最中国、最乡土的，形成一个最典型的外中内西的"香蕉"建筑。

荣杜易设计的"艺术与工艺运动"建筑风格加贵格建筑结构再与中国风格融合的全对称中式"黑楼"——成都华西协合大学怀德堂

众所周知，贵格建筑结构本身也发源于坚牢稳定的传统哥特式结构，贵格会也最主张因地制宜和就地取材。但在装饰风格上，"艺术与工艺运动"建筑风格无疑代表了当时最新的时尚。荣杜易大胆糅合了贵格会和"艺术与工艺运动"兼备的建筑优点。在他的华西大学建筑设计结构上几乎清一色采用了他最熟悉的坚实稳定的西方建筑结构，仅在外观上充分采纳了中国及川西的本地元素来表现他喜好的"艺术与工艺运动"装饰特征。荣杜易在华西大学老建筑设计中有不少"因地制宜""就地取材"的神来之笔。不可否认，他高超的艺术造诣和敏锐的观察目光使他的中西融合完美得体，无懈可击。

以荣氏设计的华西大学办公楼怀德堂来看，从外面看，如果把黑砖黑瓦换成红砖红瓦，屋顶的翘角拿掉，再取消中式的门廊，整个大楼无疑是一栋标准的用"艺术与工艺运动"风格装修的贵格会建筑。须知，中国的建筑从来没有过在平面和立面采用"山"字形造型的建筑，而荣氏的华西建筑群，几乎清一色全部采用了这一标准贵格造型。走进大楼，看见的几乎是地道的西方建筑。斜梁、扶壁、砖墙、壁炉、拱廊和通堂无柱的大厅，连大门的内面，刚进木雕中式大门，都选用了当时最新潮的全玻璃大门（几十年后，拱型全玻璃大门已成为建筑学里"后现代派"建筑的特征之一）。

如果有人觉得怀德堂的中西合璧说得牵强，那让我们比较一个实在的东西，把华西大学老图书馆（懋德堂）大厅的大梁结构与莫里斯"红楼"里大厅的大梁结构做个比较。你此时一定会吃惊地发现，二者如出一辙，天衣无缝。咱中国人自豪的"穿斗，抬梁""对称，平衡"等特色，在华西大学老建筑里可以被洋木匠运用自如；而同一个物件，被洋人看后又可以自豪地看到"红楼"传统和贵格风貌可以在中国得以发扬光大而兴奋异常。这种皆大欢喜的中西合璧的设计水平，其炉火纯青的境地，相信迄今也很难找到第二例。

无疑，成都华西坝的"黑楼"与远在英国的"红楼"是师出同门。这师徒二人分别创作的杰作，在100年后的相认，无疑是"艺术与工艺运动"建筑史上的一大

成都华西协合大学的懋德堂大厅里的梁柱（左）和莫里斯设计的红楼大厅里的梁柱

幸事，也是华西大学老建筑与世界接轨的有力物证。前面我们说过，华西大学老建筑是中国仅存的与美国长春藤大学宾夕法尼亚大学校园同源的贵格建筑。现在，我们无疑看到，华西大学老建筑也是"艺术与工艺运动"在中国的最优秀传承。

这里还有一个热爱华西大学老建筑的动人故事。前面我们讲到过公谊会的华西传人杨振华教授实践承诺，捐献遗体给母校的事迹。其实，"艺术与工艺运动"在华西也有它的传人。他就是不久前刚去世的另一位华西医学泰斗、华西大学医学院诊断学和血液学的双重奠基人、前医院内科主任邓长安教授。邓教授是华西协合大学洋教习培养的最后一批毕业生之一。他深爱华西，也喜爱富有"艺术与工艺运动"色彩的华西大学老建筑。20世纪80年代末期，中国人开始拥有了自己的房产，一股装修热席卷全国。大家无所不用其极，包框吊顶，破壁圈门，画墙描柱，硬要把自己的家弄得花里胡哨，土洋兼备才踏实。但邓教授家的装修却别具一格，似与大家反其道而行之。他选用了人所不屑的红砖，硬把光滑洁白的客厅的一面内墙全部铺成了红砖墙面，至少在华西校园，此是唯一。这是什么风格，他懂的。这就是老华西"艺术与工艺运动"建筑的风格！红砖，莫里斯独创的"红楼"用过，华西大学老建筑的教学楼和医院也用过，现在，老华西最后一代洋教习培养的毕业生邓教授的家里也要用。后来，邓教授家从人民南路的南苑又搬到了电信路的天使后苑。他的新家，依然采用了红砖装修内墙!

自荣杜易之后，无数洋建筑师在中国建了无数的中西融合的建筑。荣氏不照搬西洋建筑模式，以贵格建筑的原则，在华西协合大学的建筑中，大楼布局和内部结构采用了当时最先进的纯西式贵格结构，外观和装修上大胆使用流行的"艺术与工艺运动"风格，而且颇得人心地纳入了中国风，皆大欢喜。青砖黑瓦、画栋雕梁、窗绿门红等中国特色，被他运用自如，得心应手，既洋气且大方，又华贵而不俗。因此，华西大学老建筑不愧为真正的中西合璧，堪称空前绝后。

三

"中国古建筑复兴"
的先驱荣杜易和他的家族

荣杜易家族

由于华西大学老建筑热的兴起，它们的设计师荣杜易这个名字，也越来越多地进入人们的视野。但是很少有人知道，荣杜易出生于贵格家庭，而且还有一个远比建筑师荣杜易更加响亮、闻名天下的荣杜易家族。如果你仍然对这个荣氏还是感到陌生，那么不妨举个尽人皆知的例子。在欧洲，在北美，每年万圣节（Halloween）时散发的糖果，有三分之一以上是荣杜易家族提供的。虽然在20年前他们被瑞士的雀巢巧克力公司换上了雀巢的名讳，但念于感谢之情，雀巢仍在水果软糖和爱乐的包装上保留了荣杜易的名字。

建筑师荣杜易的父亲和叔父们大多闻名于英国，他们主要经营与食品有关的贸易和生产，如食品商店，巧克力、咖啡、糖果、饼干公司等。其中最闻名的大亨是荣杜易的叔父亨利·荣杜易（荣亨利），也就是"荣杜易可可和巧克力公司"的创始人兼世界级慈善家。

（上）

左图是荣杜易巧克力工厂的早期广告："牛奶巧克力，荣杜易，口口香。"右图是最早期的荣杜易可可工厂

（下）

极盛时期的荣杜易可可及巧克力工厂。在厂区的左上角落可见最早期厂址

　　在1862年，也就是未来的建筑家荣杜易出生后的第三年，荣亨利成立了一家巧克力工厂，由于经营有方，后来成为当时雄踞世界三大巧克力公司之一的英国"荣杜易可可及巧克力公司"（Rowntree Cocoa & Chocolate Co.），拥有雇员5000余人。不过，这多达5000的员工，后来也成为荣亨利失败的历史笑谈，因为这众多的员工中，约一半是纯手工劳作的包装工人，在世界工业化的潮流中，它必然会成为时代进步的牺牲品。

第一次世界大战期间，欧洲陷于严重战乱，大批难民涌入英国，亨利的荣杜易公司收容了大量来自其竞争对手瑞士雀巢公司的逃难员工，此举在工业界一时传为佳话。贵格会的互助教义是严谨的。不但荣氏工厂，同为贵格会建筑师的荣杜易刚从成都设计完华西大学回英，因一战爆发，荣氏父子三人都放弃生意，丢下事业，毅然投入战争的救难队伍。荣杜易本人作为贵格会会员去了比利时担任难民营的房屋设计，儿子则去了公谊会欧洲救护车队（FAU），直至一战结束。

战后，荣杜易公司与麦金塔（Macintosh）糖果公司合并，组成了英国最大的"能得利"糖果公司（Rowntree Macintosh Co.，这是荣杜易的第三个中文译名。荣杜易的中译有三个版本，大众版：荣杜易，文化版：罗楚里，商业版：能得利）。二战以后，雀巢公司生意发展顺利，大量使用自动化生产，打败了主要是手工生产的其他竞争对手。在20世纪末期，它先后收购了美国、英国和欧洲的竞争对手，组成了雀巢公司。1988年，雀巢最后收购了生产奇巧（Kit-Kat）和聪明豆（Smarties）巧克力的英国糖果公司"能得利"（Rowntree Macintosh Co.），完成了"儿吃老子"的一幕。

不过，在收购最大竞争对手荣杜易公司的宣布会上，雀巢公司总裁深情地表述了对荣杜易公司在第一次世界大战中对雀巢公司逃难员工的救命之恩。2012年，雀巢公司举办了隆重纪念荣杜易巧克力公司成立150周年的纪念活动。活动的响亮口号是："荣杜易，一个改变了世界吃巧克力方式的公司。"

这里还要提到另一位英国贵格会的巧克力大王嘉弟伯对发展中国医学教育的贡献。贵格会友嘉弟伯也是世界闻名的巧克力制造商，100年前，他们夫妇捐款修建了华西协合大学的教育学院嘉弟伯纪念楼（育德堂）。几十年后，他儿子在美国深受贵格文化熏陶的宾夕法尼亚大学医学院毕业后，也来到中国，在广州创办了中国最早的西医院之一的博济医院（后为广州中山大学医学院的附属医院），并任院长直至1949年。

把贵格建筑引入中国的先驱

Fred Rowntree was perhaps one of the first Quaker Architects, and was influenced by and closely associated with the Arts & Crafts Movement.

讨论华西大学老建筑，必须要介绍华西建筑群的总设计师佛列德·荣杜易（Fred Rowntree，又译"罗楚里"）。荣杜易本是英格兰的一个非常本地化的小建筑设计师。他自学成才，从没有读过专门的建筑学校。但他参与华西协合大学建筑的投标，成功击败了其他三个参与招标的、远比他名气大得多的建筑设计师（分别来自英国、美国和加拿大），中标了华西协合大学托事部筹办的大学总设计方案。荣氏的成功并非偶然，他独有的贵格会家族文化及当时特定的历史环境，以及他个人在贵格建筑方面的成功积淀，使他成功拿下了这个投标。按中国古老的说法：一切的成功，都是集天时、地利、人和三方面因素之大成。

荣杜易出生于一个虔诚的贵格会家庭。荣氏一生的设计，大都和贵格会自用的建筑有关。因此在建筑史上，他被定位为贵格建筑师。他又成长于建筑史上划时代的"艺术与工艺运动"的高潮时期。独特的贵格建筑风格当时也大量采纳了"艺术与工艺运动"的特色。荣杜易也是以此运动创始人莫里斯命名的"英国艺术与工艺运动协会"的主要继承人和召集人，所以在建筑史上他也被列为"艺术与工艺运动"建筑师。不过，荣杜易在建筑界公认的最大成就，不是他在贵格建筑的其他设计和"艺术与工艺运动"中的建树，而是他成功设计了"中国成都的大学"，即本书将要讨论的"华西协合大学"。

荣杜易接到华西协合大学托事部的招聘标书后就发现，他拿手的清新简约的贵格建筑风格与中国传统古建筑特色非常一致，都讲究对称、平衡，注重平行线。而"艺术与工艺运动"建筑的特色之一，除了回归自然，就是主张纳入东方文化的特点。固然"艺术与工艺运动"提倡仿效的东方，主要是指日本文化，不过日本文化的师傅，正是中国。荣氏在他接手的设计方案中，发现了这一中西特色的和谐，他把对称、平衡、平行线等贵格建筑特色，大胆融合进大学托事部要求的传统中国风格之中，他的设计实现了最天然的和谐，因而得到了中西双方的一致认可。

荣杜易不远万里，亲赴成都，实地采风，亲口尝试了本土"梨子"的第一口滋味。西方媒体称荣氏的万里东行为"比华西大学的宏大建校方案更为大胆的壮举"。的确，在100年前交通艰难、语言隔绝的时代，要长途跋涉到遥远的远东"边疆"去做考察，实非易事。他穿越西伯利亚，短留北京，再赴成都，途经三峡时的落水，险些让他命丧黄泉。但正是漫长的路途，丰富了他的阅历，促成了他的构思。

于是，荣杜易得以在他的设计中，把紫禁城的壮丽与巴蜀的秀美，成功融于一体。他还大胆而且大量地把川西建筑的亭台楼阁融合于贵格会西式建筑主体结构之中。可以说，华西协合古大学建筑的结构比北方协和大学的建筑更西方，外貌又比其他教会大学的建筑更中国、更乡土。这一切奠定了荣氏的设计方案最吻合华西校方的中西合璧设计宗旨的基础，他的方案是唯一同时被西方校董会和中方士绅民众共同认可的设计方案。天时、地利、人和都具备了，荣氏方案的当然入选，就是一清二楚、落地生根的事了。

荣杜易父子三人

荣杜易于1860年出生在英格兰北部的约克（York）市北郊的士嘉堡市（Scarborough）一个虔诚的公

谊会（Friends）家庭。他父亲约翰·荣杜易（John Rowntree）是一个食品商人。家境的殷实并没有让小荣杜易养尊处优。相反，贵格会的家庭使荣杜易从小在远近闻名的约克市贵格会布山姆寄宿学校（Bootham School）学习。学校设立在有优美贵格会建筑风格的校园里。

贵格会学校以培养德艺双馨的人才闻名。布山姆寄宿学校是荣杜易一生唯一就读过的学校。他再没有进过大学，也没有进过专门的建筑专业学校。他毕业后直接就进了一家建筑公司做学徒。并非家境贫寒，也非智商不足，大约是按捺不住的创造欲（这些基因决定的东西，缺失的有些人可能永远也不会懂），佛列德·荣杜易选择了在工作中自学成才的道路。

荣杜易初到成都时看见的成都城墙和城门。美丽的华西坝与城墙仅一河之隔。看到和约克市同样的通城城墙，荣杜易此时似曾相见的亲切感是显而易见的

他以后不断的成功与卓越的艺术与工艺才能，在他的职业生涯以及华西协合大学的卓越设计中已经一览无遗。1886年，荣杜易和同是贵格会家庭的英国饼干大王格力的女儿玛丽·格力结婚。结婚后，荣杜易又师从玛丽的亲戚、职业画家瓦尔顿，进一步磨炼了自己的绘画才能。荣杜易先后加入过三家不同的建筑公司，磨砺了自己的专业造诣与设计风格。他最后合伙的荣杜易-斯塔克建筑公司（Rowntree-Stark Co.）几乎要赢到一份英国国家竞标（北爱尔兰首府贝尔法斯特市政大楼）的大奖。荣杜易-斯塔克联合设计的融合了贵格会风格和皇家宫殿特色的设计方案，不幸以第二名的劣势输掉了竞标，但他们联合设计的另一栋也带贵格会风格的建筑格拉斯哥苟佛精神病医院成功中标。

荣杜易-斯塔克建筑公司设计的壮观大气的具有新古典主义风格的贝尔法斯特市政大楼。在竞标中以第二名惜败，未能中标

荣杜易-斯塔克建筑公司设计并中标修建的格拉斯哥地区精神病医院，此楼更不难看到与华西大学赫菲院（合德堂）有非常类似的设计风格

荣杜易父子建筑公司设计的典型贵格会建筑，成都华西协合大学的赫菲院（合德堂）。楼前站立者为加拿大籍监工里纳德先生

荣杜易设计的具有典型贵格建筑风格的民居。他高超的绘画水平，丰富的想象力，以及他作品中经常在大对称中有小变异，显示他丰富的创造力和在设计风格中的灵活变化能力

荣杜易设计的具有典型贵格会建筑风格的民居建成图。注意他作品中经常在大对称中有小变异，显示他在设计风格中的灵活变化能力

荣杜易一生的建筑设计，80%是与贵格会建筑有关的。在建筑史上，他被称为第一批贵格建筑师。其历史地位，可想而知。

荣杜易的大儿子道格拉斯和二儿子柯林也是公谊会寄宿学校毕业，长大后继承父志，先后毕业于科班建筑学校。儿子们成功考取英国建筑师资格证书后，荣杜易退出荣杜易-斯塔克联合建筑公司，父子三人自组了独资的荣杜易父子建筑公司（Rowntree & Son Co.）。公司成立后不久，荣杜易就一鸣惊人，一举竞标投中了他一生中最大、也是最成功的作品——这是一个远在中国的，其规模在世界上也是当时最宏大的，一个完整全新的大学校园的设计项目。

1913年春，他远赴中国成都，考察大学校址的风土人情与地理环境。在远赴成都的几个月期间，大儿子道格拉斯负责公司的业务。荣杜易从成都回国不久，他全家都停业参加了贵格会的一次世界大战救援工作。荣杜易仍然从事建筑设计，不过是在比利时义务修建难民营。大儿子加入了军队，小儿子则加入贵格会救护车队从事伤员救护工作。直到一战结束，父子建筑公司才重新开业。

就在1913年成功设计完中国的华西协合大学项目后不久，荣杜易于1927年因病在伦敦去世，终年67岁。英国权威的《建筑家》杂志为此发布了讣告。文中写道："我们遗憾地获悉，英国皇家建筑科学院院士佛列德·荣杜易先生于1927年1月23日不幸逝世。他是董事会选中的新建骊山大学的建筑师。他也是荣杜易贵格会家族的成员之一。必须要提到的是，在他一生最杰出成就当中，他作为建筑师，被英国贵格会和美国布道总会选中，远赴中国成都，完成了整个全新大学的设计。他也是知名的谢博尔大学食堂工程的重建及校园老建筑改造的总监。虽然他的儿子，道格拉斯·荣杜易建筑师将继续他的骊山大学建设工程，所有董事会成员都为失去这位技艺超群又诲人不倦的导师而无比遗憾。"

从这份皇家建筑专业协会的官方讣告可知，华西协合大学的设计，无疑是荣杜易一生中最杰出的成就。如今，荣杜易离开我们已有近百年之久，人们仍然没有忘记他。就在2014年，一本纪念荣杜易一生成就的著作《建筑师荣杜易》在英国出版。

一个外国人，在没有飞机的时代，靠火车轮渡跋涉，靠人力滑竿入川，路途就要花费数月之久。只在当地几周时间，荣氏就完成了整整一个大学的完全设计，人们不能不赞叹荣氏本人的艺术天分与造诣。是荣杜易的艺术天才、建筑经验和社会磨砺，加以他独到细腻的观察眼力和对异国文化的独特理解，共筑了华西大学老建筑得以成功的根本。如今百年已过，历经时代的磨难与洗礼，华西残留的老建筑正显现出更加光辉灿烂的光华，更令世人瞩目。

荣杜易之后，还有若干西方建筑师在中国设计修建了不少的教会大学或市政建筑。他们不少在中国居住了更长乃至毕生的时间，他们或许比荣氏赢得了更响亮

号称"荣氏三杰"的荣杜易父子（从上至下）：父亲佛列德，儿子道格拉斯和柯林

的名气，但是把中国建筑与西方建筑融合得如此精美和谐，把中国的宫廷建筑和地方民居与西方最新技术、最新潮流融合得如此得体入骨，在中国的作品被冠以中西合璧的"里程碑"美誉的建筑师，荣氏无疑是唯一一人。

第二章

东方的贵格建筑

贵格东行，得益于贵格建筑师荣杜易的入川。他中标华西协合大学的校园建筑总设计师后，立即决定不远万里，要亲自来成都实地考察。他懂得，任何完美的建筑一定是与当地环境和文化和谐匹配的，这也是其生命力长存的根本。

　　于是，100年前的一个春天，在从重庆到成都的崎岖小路上，一位叫荣杜易的英国人远渡重洋，行经万里，来到了中国。这长达两个多星期从重庆到成都的路途，也给了荣杜易一个极好的观察机会。作为一位从未来过中国的建筑师，他被要求必须设计出一个完整的大学建筑群——它们必须是中西合璧的，必须是用当地材料建造的。这无疑是对荣杜易是一个极大的挑战。

　　荣杜易充分利用了这个机会，眼观八方，在脑子里留下了大量川西老建筑的异同和特色。他的眼睛，绝对

100年前（1913年）的一个春天，英国人荣杜易正乘坐在当时最低碳、最环保的运输工具"滑竿"上，不畏艰险，远赴成都考察华西协合大学校园建筑的设计项目

是敏锐的。他的脑筋，也绝对是清醒的。从他设计的大学校舍，你一定会发现它们远比其他知名中西结合建筑大师们在其他地方设计的校舍要高明和到位很多。

大凡新到一地，最抢眼的无非有两种东西，一种是你从未见过的，一种是你非常熟悉，但又绝没料到的。对荣氏来说，新奇的就是清一色黑的建筑，大红大绿的房饰，翘角的大屋顶，房屋底下高高的台基（如北京故宫，也包括陶维新在成都的住房），还有就是无处不在的亭楼和牌坊。

荣氏也看到了那些他最熟悉的，但之前又未曾料到的东西。如无处不在的城门洞的圆拱门，那些和贵格建筑一样超对称、极平衡的中式房体，以及贵格建筑里最常见的亭子（亭子是荣杜易在华西建筑设计中用得最多的物件，以致施工人员最后不得不砍掉很多，以免引起当地人的反感与视觉疲劳）。虽然中国亭子比英国亭子的棱角多达一倍（8：4），但毕竟都是没有墙的小房子。

荣杜易无疑在华西校园设计上大大地运用了他的智慧与积淀。

由于时间有限，对中式建筑结构，诸如什么穿斗、抬梁，他所知不够多。即便是对中式建筑结构无比精通的先前提到的那位建筑大师、斗拱专家，也是用了毕生时间才钻研透顶的。必须承认，本土大师的研究还是高水平的。荣氏对中国结构的印象，一是感觉不现代、不实用，二来也觉得不如西方结构坚固牢实。于是荣氏干脆不用，完全采纳了他熟悉、方便的西方现成结构。准确地说，是他在贵格建筑中用得最得心应手的、简约的、亲民的改良哥特式结构。举个例子，故宫的太和殿，其中内柱达32根之多，而在相似尺寸的华西老图书馆（懋德堂）里，采用了西式扶壁斜梁，内柱就用得很少。

在华西最中国官殿式的怀德堂，荣氏也采用了类似的殿堂结构（怀德堂和懋德堂是一对双胞胎，有90%的相似性）。在怀德堂二楼的礼拜堂里，荣杜易简化哥特式的扶壁、斜梁，独特巧妙地运用中西融合的建筑理念，使整个华西建筑群浑然一体、大方得体，让国人没意见，让洋人没挑剔。它们外观如中式宫殿，内视像西洋殿堂。整个建筑群，国人觉洋气，洋人觉靠谱，大师本人觉得"多，快，好，省"。有关华西大学老建筑的结构细节，在以后的具体楼堂介绍中，我们会有更多的讨论。

在100年后的今天，再看华西大学老建筑，更觉空前绝后，一枝独秀。改革开放后，学术界不少研究称这个壮丽的东方大学老建筑，"在中国大学建筑里独一无二，是中国古建筑复兴的源头"。有的还直接驳斥了故意贬低华西大学老建筑是"把大屋顶放在西式墙身上……不如北协和建筑优美"的说法，认为这是"有失准确"。多数的研究都认为，华西建筑无疑是开创了中国传统古典建筑复兴的先河。在20世纪60年代中国唯一的专业建筑杂志《中国建筑》中，也曾把华西大学老建筑赞为"中西结合建筑精品的里程碑"，还特别指出它的"高台基官殿式建筑是众多中西合璧建筑里独一无二的"。

的确，比华西大学建设更早的上海圣约翰大学，是把中国大屋顶盖在纯西式建筑的屋架上，这种简陋的土洋结合后来被冠以"瓜皮帽"的贬称。以后，无论北方的协和、燕京，还是南方的金陵、岭南，大都是在传统中式长方形建筑身上加盖官殿大屋顶。即使它们都建在华西之后，但都无法与华西建筑的造型精巧秀美、平面布局跌宕多变的"外中内西"相比拟。

走近华西大学老建筑，感到"中西合璧"一词，用在这里真是非常恰如其分，一墙之隔，墙外是中，墙内是西，一墙两用，善莫大焉。

北方的协和医大和南方的金陵大学建筑风格：在传统中式长方形建筑身上简单加盖官殿大屋顶的建筑。华西协合大学建筑风格：造型精巧秀美、平面布局跌宕多变的贵格会建筑，身上穿"中国衣"再加盖官殿大屋顶的"外中内西"的建筑

一

大学的布局

华西协合大学创立于1910年，由美国、英国和加拿大五个教会（贵格会、美以美会、浸礼会、英美会、圣公会）在中国差会联合创办，素有"五洋办学"之说。华西协合大学以牙医为主，文理兼收。其立意宏伟，布局清晰，是要"培养出在世界上任何地方都不会比同行逊色的毕业生"。校园面积较大，从现今一环路到府南河（锦江）边，占地近千亩，史称"华西坝"，全部建筑由英国贵格会建筑师荣杜易父子主持设计。

荣杜易在回忆华西大学设计的文章里写道："（甲、乙双方）大家同意，大学的建筑应该在形式、风貌和色彩上都要做到既要满足现代建筑的需求，也要体现本地历史的传承，建筑的形式和材料也要尽可能地做到就地取材，更要充分体现文化与建筑的和谐理念。"这的确是荣氏设计华西建筑的基本出发点。

荣氏写道："新建的大学校园位于成都古城墙南侧，占地约1000亩地。沿着古城墙的一条河流把校园和城区分隔开来。一条居中的南北向的进校大路是校区的中轴线，若干东西向的交叉路再把南门和东门联系起来。规划中的五栋公共教学楼位居校区的中央，它们的位置既要体现互相的功能关联又需展示整体设计的和谐，同时也要兼顾与周边设计和各差会社区建筑的平衡与互动。"

"校区设计的精华体现在居中心位置的聚会所大楼（Assembly Hall）。这是一座有着八面均衡的八角形外观的大楼，是旨在象征大学最高目标的高大上建筑。"荣杜易如此在回忆录中描述了他心中的大学总体布局。大学的重心——医学院和理学院分居聚会所南面的东西两侧，主理行政的事务所大楼和图书馆大楼分列于聚会所北面的东西两侧，形成一个"东、西、南、北、中"的主体分布。教育学院和神学院大楼在侧身于事务所及图书馆大楼身后。一组教学大楼群则坐落在聚会所大楼

荣杜易绘制的华西协合大学
全景鸟瞰图

WEST CHINA UNION UNIVERSITY ...... BIRDS-EYE-VIEW ==== FRED ROWNTREE & SON. ARCHITECTS. LONDON

中轴线的南端，分布于南北中轴路的两侧。中轴路的南端终止于大学的礼拜堂。荣杜易自己的解释与以往研究中有些学者认为的"钟楼中心说"显然是大相径庭。

关于校园主体的朝向，坊间有多种传说。一说宜坐北朝南，以体现传统。一说要背山面水（势必坐南朝北），以体现风水吉利。坐南朝北还可使校门面向城门，也符合西方的向中心聚汇的惯例。而且毕竟此是郊区，人流来自城区，这也是亲民向上之举。估计荣氏在设计上主要还是他自主的意向，对风水民俗也未必如此严肃，但是否参考了当地顾问的意见，也未可知。不过面朝流水（锦江护城河），背靠两峰（东点将台和西皇坟），也确符合风水因素。

荣氏在极短的期间内对校园布局提出了多个方案，足见他在设计上的主动灵活、丰富多样和厚积薄发。他最先拿出的布局，只有聚会所与两翼的大学核心建筑事务所与图书馆，其余仅用文字标示，给客户和今后的发展提供了充足的自由空间，也为以后不断根据用户的要求变换布局、展示了丰富的可塑性和多样性提供了充分可能性，同时也表现了他在变化中不断追求心目中更高目标的想法。校园的布局除了要参照已有的地界，也基本参照了西方传统的花园构型和一些知名大学，包括贵格大学的布局。我们在以后谈到具体的楼庭时会有更多提及。

从荣杜易提供出的第一份比较完整的校园规划图中可以看到，聚会所居于大学的中心区。它的南面已清楚列出主要教学楼，但此时中国式的中轴线概念并不明显。校园更多呈现的是西方大学功能区的概念，即行政或公共主校园区展示于大学前方，其他专科院系按地形与功能分布于其他区域。按自然地形位置（位于第一块买下的兵营和坟地），主教学区计划在后方偏东，其中医学院位居中央的最前面，足显其在大学中的当家地位。各差会校园则分列于聚会所的东西南北翼的周边区

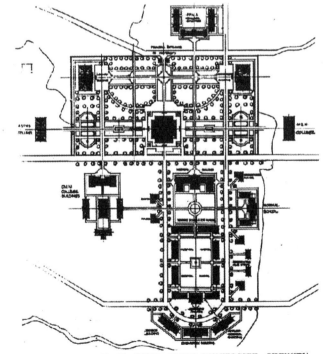

这是荣杜易提供出的第一份完整校园规划图

JAN. 24, 1913. THE BUILDING NEWS: No. 3029. 125

GENERAL BLOCK PLAN, CHINA UNION UNIVERSITY, CHENGTU.
Messrs. FRED. ROWNTREE, F.R.I.B.A., and DOUGLAS W. ROWNTREE, Architects.

域。值得注意的是荣氏在大学中心区的花园设计。如果你稍加比较就会发现，这是西欧典型的大型皇家园林布局：对称的房屋与园区，弯直结合的路径，小区与整体花园的融合，无不显示一种豪华典雅的气势。

　　下图是荣杜易交出的最后英文版布局图。图中的中轴线和双十字布局已十分清楚。纵观校园，以聚会所为中心的大学楼堂布局给人以美观、实用、布局清晰、

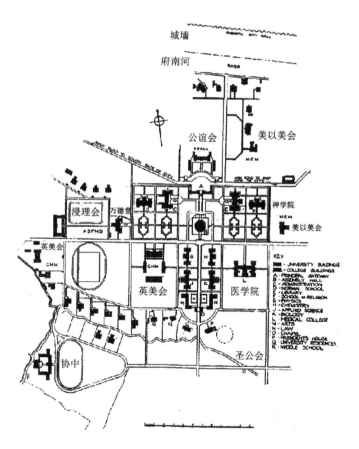

荣杜易交出的校园规划
最终版

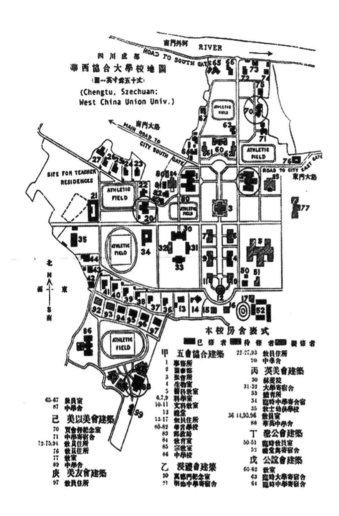

这是几经调整变化后，与目前校园实际分布最接近的最后布局

中西兼备的完整印象。在当时的中国各教会大学的布局中，这是唯一完整宏大的校园布局。

经过了几番重新安排调整，最后的校园布局中英文版终于出笼。北起成都南城墙和锦江，有一个小校门作为两个差会的地段（现光明路宿舍区）的北出口。广

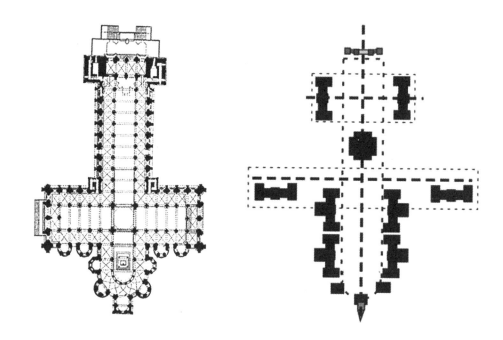

左为英国威斯敏斯特大教堂室内布局图，右为华西校园布局示意图，华西大学老建筑的最后一栋大楼——大学礼拜堂新礼堂的平面布局也是完全照搬了这一双十字布局的资格大教堂

益大学舍位于中轴线最北端，面对雄伟高大的大学校门，并与最南端的礼拜堂（后改为柯里斯钟楼）互为主建筑群的南北两极。此时的布局对称明显，双十字构图清晰可见。大学的中心仍是居中轴线中心的聚会所，而不是有人所谓的钟楼中心。向北是贵格会的广益大学舍（60）；南面是综合教学诸楼（4，6，7，9，10，11）；东北面为图书馆（2）；正东面是神学院（77）；西北面是事务所（1）和教育学院（84）；正西面为万德堂（20）；东南面有医学院（5）；西南面为理学院（30）。

据荣杜易设计的大学校园布局，公共校区中轴线的主体是礼拜堂（后改为柯里斯钟楼）和聚会所之间的四栋教学用楼。我们以它来对比了当时刚建好不久的著名贵格大学——美国约翰·霍普金斯大学的校园设计，发现它们之间有惊人的相似。其中面对大校门的华西校园中轴线（柯里斯钟楼线，原设计为大学礼拜堂）与吉尔曼线几乎雷同。两线上端均是大学的地标建筑，两线均是上塔下馆，中间四楼布局。两图相比，可见华西校园的楼堂布局与传统贵格大学的校园布局非常相似，表明荣杜易的华西校园设计与当时国际流行的大学校园布局已相当接轨。

从荣杜易绘制的平面图还可以看出，各主要校区大楼，大多是典型贵格建筑的"山"字形平面构型而不是中国建筑传统的长方形，大楼的立面大多其实也

此图显示了美国贵格大学霍普金斯大学校园中轴线（A）与华西协合大学校园公共校区中轴线（B）的异同

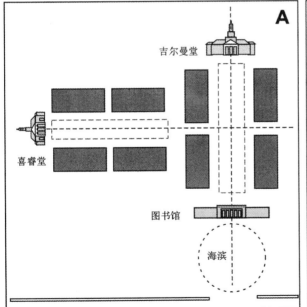

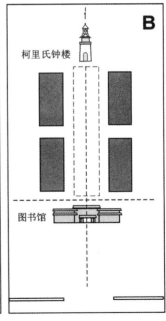

是"山"字形造型，历史上没有任何中国建筑平面及立面均采用"山"字形的西方对称构型。在十字构图的顶端，相当于教堂里供奉主像的地方，是大学的礼拜堂（后变为钟楼位置）。校领导与教授们的别墅区则散布在校园四周，主要在南面。华西协中也移到最西南的位置（现省教育学院）。就在锦江的南岸边，有一个只有大校门1/4大小的小校门作为校区北面出口。

比较荣氏最后设计的校园布局平面图，我们已能看到清晰的中国对称中轴线结构和宗教色彩浓厚的双十字布局。但对一个教会大学，一个必须中国化的大学，荣氏有此安排是不言自明，也是皆大欢喜的。从规划图上可以看到，荣氏在相当于教堂里供奉主的双十字顶端位置设计了礼拜堂（后不知何故改建成了钟楼），以示尊崇。在牧师大堂讲道的位置安排为主要教学楼，以示传道授业的寓意。

第一个大交叉是东西主干道，东西两侧分别是理学院（赫菲院）和医学院（后变男一舍），互为华西两大学科重点。第二个小十字交叉，即教堂进门的门厅处，是对称的怀德堂和懋德堂，也是中国寺庙的门神位置。小十字中间，也就是大教堂室内布局门厅的中央，是设计的全校的中心：聚会所（未来得及建成），也是建筑审美学里访客进门后的第一震撼之物。

（二）
贵格建筑结构的中国化

　　步入大校门，首先映入眼帘的应该是高大华丽的大
学聚会所（Assembly Hall）。这是全校最高大的建筑
物。八角形的十字架式的楼基，高大的三重檐攒尖塔顶
和居于大学公共校区中心的位置，突显了大学的高大形
象和它镇校之宝的地位。

　　站在聚会所楼前，环顾两侧，就是分居聚会所两
侧的布局对称，也是华西大学老建筑中最华美壮丽的两
栋中国宫殿式大厦：怀德堂与懋德堂。它们位居犹如中
国庙堂初入山门两侧的四大天王的位置，遥望相对，
重要而显赫。在聚会所西面是怀德堂，又名事务所，

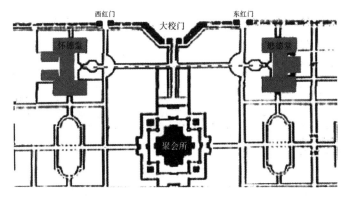

华西协合大学建筑群中最华
美壮丽的两栋中国宫殿式大
厦：怀德堂与懋德堂。它们分
居大学中轴线的两侧和聚会
所前方的显要位置

是华西大学建筑群中最重要的大厦，系校务中枢管理机构所在。东面相对称的是懋德堂，是全校学术活动的中心——大学图书馆兼博物馆。

这两座精美绝伦、人见人爱的大楼，将是我们介绍华西大学老建筑的建筑结构与文化特色的样板。由于它们在大学建筑与功能上的至关重要，荣杜易精心选择了宫殿式的造型。为表现川西古典建筑的外部特征，荣杜

荣杜易绘制的怀德堂（上）和懋德堂（下）三维建成景观图

易就地取材，采用了清一色的青砖黑瓦，以代替当时国际流行的贵格派红砖建筑。高大秀美的双重檐大屋顶，配以大红明柱和大红檐板，形成了华贵壮丽的视觉效果。在黑色楼体的底色中，荣杜易有意识地掺入红色元素，楼柱、烟囱、门体等红色基因，以回顾它们的"艺术与工艺运动"的渊源。大楼的屋脊、檐口皆饰以中式的脊兽、龙凤等华美装饰，或雅趣盎然，或精巧秀美，或沉稳庄重，或婀娜多姿，处处展现了中国建筑古典之美与西方建筑坚实之美相结合的魅力。

华丽的"双胞胎"大殿堂

结构是展现形体外观的骨架。在讨论建筑结构的演变之先，我们先浏览一下大楼的外观，以便更好体会结构的目的。

华西坝的第一栋宫殿式大堂怀德堂，于1915年动工，1919年建成，是大学建成的第一栋公共核心建筑，它宣告了荣杜易设计的这所新兴的大学从图纸变成了现实。同样，荣杜易绘制的彩色外景图和门廊外观均堪称艺术精品。宫殿式的外观和皇家装饰把大楼的特色表现得淋漓尽致。"中西合璧"在这里表现最为到位。一墙之隔，中西各现，墙外为中，墙内为西，完美无瑕，尽人皆赞。它也是华西坝第一栋核心共用大楼。当它在田野间巍然矗立时，作为华西坝的第一高楼，它的出现，宣告了一个新时代的开始，展示了平地起高楼的磅礴大气。

屹立于华西坝农田之中的
怀德堂

　　由于怀德堂和懋德堂这两栋犹如一对孪生双胞胎的大楼在大学里至高无上的地位，荣杜易给了它们华西坝建筑群最高端的配置：仿照中国皇宫故宫里中轴大殿格式，主楼大殿均建于一米多高的长方形石质台基之上，台基四周石梯登台，雕栏围护。前庭门柱，重檐歇山，彩绘斗拱，青瓦盖顶等诸多元素，使大楼庄严肃穆而又华丽大气。作为全校行政中心的怀德堂的前方，是所有华西建筑群中唯一采用的通栏开放式前庭和廊柱。六根大红明柱，使整个大楼显得宽敞宏大，辉煌壮丽，突显了公共大楼的开放与包容。而在中国众多其他的教会大学里，教学大楼下面设置高大宽敞的台基并不多见，圣殿式的前庭廊柱也十分稀有。两楼华丽大气的正面造型明显模仿了规模宏大、气势雄伟的中国皇宫故宫的中轴大殿，或中国文化师祖孔庙大成殿的格局。

怀德堂的三面景观。上图和
中间两幅分别展示了大楼的
正面、斜侧面和正侧面。下左
为大楼的后面,下右为怀德堂
宽大开放的前庭

在楼体造型上，荣杜易设计的楼体平面与立面布局，也远超传统中式楼宇或其他中西融合教会大楼所采用的简单的砖块式或面包式单体形态。他更多地引入了西方洋楼外观的复杂布局，把西式贵格建筑传统的双重"山"字形布局佐以双侧对称而又参差不齐的侧楼，使整个建筑大有苏轼"横看成岭侧成峰，远近高低各不同。不识庐山真面目，只缘身在此山中"的意境。这些独家创意，充分反映了荣杜易高深的设计美学造诣和对设计这两栋前庭大楼的重视。

怀德堂和懋德堂的外表和内里还是略有不同，这主要取决于它们不同的楼宇功能。怀德堂是大学的行政管理核心，它更具开放壮丽的外表。懋德堂作为大学的学术重地和知识海洋，前庭在这里被换成了前置的山墙，以尽可能扩大里面的阅览大厅；其侧面也没有怀德堂的华丽装饰，取消了"艺术与工艺运动"的弧窗和浮雕墙饰，仅设计了一扇带日式鸟居风格的假门（作为公共设施的防火必备设备，其中一侧为连通大厅的真门，为日式鸟居风格的真门）。

懋德堂与其他楼不同，使用全绿的门窗颜色。有一张彩色照片由美国飞虎队威廉·迪伯（William L. Dibble）于1945年拍摄于华西坝。如果这的确是原来的颜色（大楼仅建成十余年，显然还未到大修的年限），这将是华西坝大楼里的唯一的"绿楼"。

其实这栋全绿大楼，显然是荣杜易对贵格对称建筑采取的"和中有异"的构思，这也是后期"艺术与工艺运动"的主旨和贵格建筑常用的非绝对平衡对称的"红杏出墙"的概念（此处为"红楼出绿"）。荣杜易不但是在单一楼体中采用了大红大绿这一中国因素的色彩对比，在两栋配对大楼间也采用了红绿相异来对比他的姐妹楼。其用心良苦，可见一斑。

综合而言，荣杜易在华西建筑中成功地采用了中西融合的元素。我们也从图中领略了这两幢美丽壮观的建筑。一个好的建筑不但要经受历史的考验，还必须追求质量可靠、形式耐久，有的还必须考究产品的美学乃至道德的价值。

如前所述，在平衡对称的建筑要素上，中国建筑文化与贵格建筑文化是惊人的一致。中国的建筑主张砖块立方体对称平衡，从来没有过在平面和立面采用"山"字形造型的建筑。荣杜易的楼体在结构上几乎清一色采用了他所最熟悉的坚实稳定的西方建筑结构，贵格会的

怀德堂和懋德堂不同的前庭和侧面设计

斜梁立柱造型，几乎未采纳中国建筑结构。在装饰风格上，"艺术与工艺运动"建筑风格无疑代表了当时最新的时尚。荣杜易大胆地几乎用纯中国元素来实践了时尚的"艺术与工艺运动"的装饰原则，巧妙地运用中国、日本，此外还有川西的本地元素来表现他喜好的"艺术与工艺运动"装饰特征。他无疑是洋为中用的典范。

中国的贵格建筑结构

要讨论贵格建筑，就一定离不开谈论建筑的主体结构。

荣杜易是知名的贵格会建筑家。大量的集体活动和不断的迁徙，使贵格会涌现了大量具有革新精神、因地制宜的优秀建筑家。这些建筑家尤其擅长建造社区中心、集体宿舍、会议室（即贵格会教堂）和学校，形成了独树一帜而且闻名天下的贵格建筑风格。和其他建筑派别一样，贵格建筑也是沿袭历代西方建筑的传统，更突出了简约、对称、平衡，亭楼"工"字（"H"）或"山"字形布局，以及紧跟潮流的纳入"艺术与工艺运动"的装修风格。

贵格建筑最主要的对称和平衡风格，正好和中国的传统建筑追求如出一辙。中西文化的冲撞，在贵格建筑和中国传统建筑之间，确实达到了最和谐的相容。这也是荣杜易成功中标华西协合大学建筑方案并设计出中西同爱的建筑作品的根本原因。

不断的迁徙使贵格建筑师必须因地取材来建筑他们的教堂。贵格建筑师用木质斜梁为主取代了哥特式教堂的金属或石材/水泥立柱和尖拱。怀德堂和懋德堂都有着与教堂相似的空间要求，而中国又无法得到建设哥特式大堂所需的材料与技术，荣杜易擅长的贵格教堂建筑使他的技术派上了用场。他设计出与传统贵格会议室（教堂）非常相似，又独具中国风的中西融合的华西协合大学的事务所和图书馆。

左为英国伦敦公谊会遗留的最著名的古教堂（贵格会称会议室，建于1721年）；右为建于1795年的美国特拉华州卡顿市的贵格古教堂（房顶现加有太阳能电池板）。这两栋楼的结构和华西大学老建筑的怀德堂和懋德堂非常相似

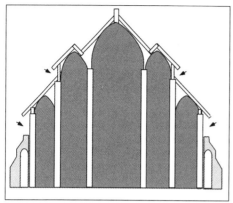

经典的哥特式建筑结构,通常为高大直立的空间大堂结构,如教堂、大厅等。需有铸铁、石材、水泥构成的立柱、尖拱、飞檐、扶墙等。材料要求高,技术要求强,在中国建设会非常困难

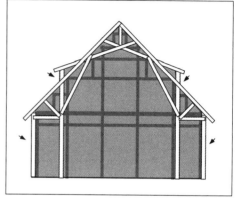

经典贵格会教堂结构,实为简约型哥特式结构。特点是基本能达到哥特式空间需求,但无须特殊建材,仅用木材加固件构成斜梁,内斜撑加强即可建成,无须复杂技术要求,适应了贵格会不断迁徙、就地取材的特点

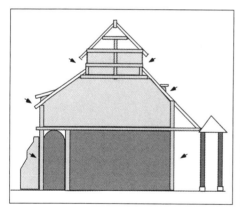

荣杜易根据贵格会建筑设计的懋德堂(图书馆)结构

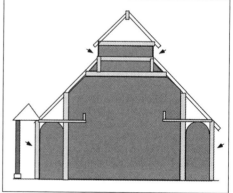

怀德堂的结构,与贵格会斜梁结构很相似,但由于是双层结构,下层使用了横拱和拱卷辅助立柱加强支撑楼层,二楼(浅蓝绿)则是几乎无柱的礼拜堂结构

如果采用中国的穿斗抬梁结构，将无法达到图书馆或礼拜堂所需的宽广高大的空间目的。以类似的故宫中轴殿大堂来看，中庭需配置多达28根立柱。而采用改良哥特式斜梁结构，只需在外侧保留少数的立柱，其余大屋顶都可以用斜梁支撑，保留了足够的空间及天然光照明。而且根据贵格建筑研究证明，这种结构不仅照明可得到充分保证，在保温或屋内空气流动热力学方面也有优点。

由于要充分利用第二层的空间，荣杜易没采用贵格建筑的斜撑辅助，而采用了哥特式或罗马式的横拱和拱券结构来做辅助支撑加固。这样图书馆的围廊二楼（同一楼浅蓝）和怀德堂的二楼礼拜堂（浅蓝绿）几乎无柱，提供了几乎完全开放的空间。这种结构经受了2008年汶川特大地震的考验，在这场地震中有近百年历史的华西建筑群无一大楼结构出现松动和断裂。

下页图比较了华西懋德堂的楼顶结构与"艺术与工艺运动"的"祖先楼"英国莫里斯"红楼"顶梁结构的异同。从图中可以看出，二者结构几乎一模一样。

由于怀德堂的二楼为大学礼拜堂兼会议室，需支撑上百的人流重量，荣杜易在怀德堂相同的顶层楼架梁柱结构中央，又增加了一根中柱加固，以支持二楼更大的承重能力和更坚固的梁柱支撑。注意原设计的懋德堂彩绘横梁没有在修建时采用。

"艺术与工艺运动"代表作英国"红楼"(左上)与华西"绿楼/黑楼"懋德堂(右上)的楼顶梁柱构型比较,二者几乎完全一样。右图展示了荣杜易在华西建筑中是部分采用了他熟悉的西方建筑结构而非采用了中国的穿斗抬梁结构。左下为怀德堂二楼的礼拜堂,通楼的二层大厅可以容纳相当会友。在怀德堂相似的梁柱结构中(右下),荣杜易比懋德堂又增加了一根中柱加固,或许相比纯空间的懋德堂,这里二楼的大量人数使楼体承重增加,需用更坚固支撑的缘故

"最先进的倒拱形结构"

近30年来,有这样一段故事在媒体和坊间一直广为流传:20世纪80年代,前华西医大副校长、口腔医学专家王翰章在华西坝接待了随英国议会代表团来华的前英国首相希思。王翰章欲向希思介绍华西坝历史,未料希思礼貌地回答华西的历史他是知道的。只见希思站在华西医大办公楼前那棵历经几十年风雨的铁树旁,举目仰望,细细地端详着这不同寻常的建筑。

此楼以前称作事务楼，又名怀德堂，由美国人罗恩甫捐建于1919年。从南面打量，只见飞檐交错，裙房对称宁静，瓦屋顶曲线俊朗，门坊之上油影重漆。屋顶有烟囱，并非排灶房之烟，而是供西洋壁炉之用。环顾四周，皆有着宽大的窗户，似体现着开放自信的美学追求。在希思的眼前，一米多高的台阶两旁各立四根粗大的红色圆柱，这又仿佛濡染着中国皇室的风仪。

王翰章后来知道希思是受人之托专为华西坝建筑而来，委托之人正是该楼的设计者、英国著名建筑师佛列德·荣杜易的孙子。原来，当初荣杜易在设计事务所时，在基础工程中他采用了当时的新技术———倒拱形结构，但效果如何，一直是他牵挂的心事。他孙子了解祖父的心情，遂托希思前往华西坝探个究竟。

建筑学上共列有16种不同的拱形结构，但"倒拱形"尚未名列其中，说明它的确用之甚少。我们先笼统看全部拱形。我们在前面提到过，荣杜易确实在怀德堂（也

拱卷和横拱在怀德堂的应用。怀德堂宽大的进门大厅就采用了这种结构（左）。在怀德堂的走廊（右）和懋德堂的楼柱外侧，则采用了典型的哥特式横拱结构，既扩展了走廊或主厅，也加固了懋德堂大堂主厅支柱

怀德堂地基为典型的横拱结构地基,通风、防潮、牢固,还省料

包括懋德堂）采用了建筑学上的拱形结构,包括地基基台、侧廊、门厅和懋德堂的顶梁（最终放弃）,但都是向上的拱,没有倒着的（拱的目的是高效承重）。

在怀德堂,我们可见进门大厅的罗马式拱券。此结构又叫十字拱,广泛用于西方罗马或哥特教堂、大厅。把它用在怀德堂宽大的门厅,有效得体。在主楼的巷道,我们能看到一连串的哥特式横拱结构（也在懋德堂的双侧山墙附近）,这是标准的横拱（transverse arch）,在楼体和桥梁建筑中应用广泛。在怀德堂作为斜梁结构的加固,也是非常必要和有效的,绝非玩弄花俏。

那么，哪里有"倒拱形"呢？我们注意到原文中有"在基础工程中"一段。无独有偶，似乎是为了专门回答这一问题，荣杜易留下的华西建筑群相片中，唯一一张与工程有关的相片，就是怀德堂的地基工程。荣杜易首先是在北京对中国宫廷建筑的高大台基留下深刻印象，再观华西贵格会先驱陶维新在成都的住房校舍有高大的台基，因此也许他是有意要在华西大楼中加以运用的。此外，在历时数周的川西旅途和停留中，盆地的闷热潮气也使这位外地人深感不适。他必须在建筑设计中加以回避。成都前几十年不修地铁，主要的原因不是缺钱缺技术，是如何防水问题。直到改革开放之后，几百米以下地下水位下沉，成都地铁大建快建才提上议事日程。所以，当时成都多水的地基，是荣杜易必须面对的问题。

建造通风透气的高台地基，就是防潮避热的大计。荣杜易于是在地基中广开拱墙，见墙三拱，用众多横拱把地基高台变成了地下通风道、排气筒。这样，潮气大消，热气被吹走，大楼又显得高端大气，还省砖攒钱，绝对也是多快好省的利好之事，何乐而不为？荣杜易当然十分得意。如果有担心，也许是地拱是否有实墙那么牢实。毕竟拱不会比实体更坚固，它上面是巨大的楼体房顶和人群，都是有大重量的。

那么，有没有用"倒拱形结构"呢？我看是没有。有图有真相了，荣杜易用的横拱，板上钉钉，明摆的。那所谓"倒拱形结构"又是从何而来呢？多半都是翻译惹的祸。问题出在工程术语——横拱"transverse arch"上。翻译一定不是工程专家，遇到外文工程术语，多半有点抓瞎。在一般的大众英文，trans有"转，跨，翻"之意，意思和"不动"相对。"转基因"（transgenic）的"转"字就是它带的头。不过在工程技术上，它又有平和横的意思，和"直立"相对，一般人知不知道，不敢妄议。

在科学和医学上，它又有"反"和"逆"的意思（指原子结构互为逆向的氢键），和"顺"相对（指皆为同向的氢键）。比如大家现在天大讨论的吃不得的"反式脂肪"（trans-fat），是要得癌症的，害人不浅的东西，就是它打的头。既然拱或弧有"正，反，立，倒"的方向，trans当然就该意喻"倒"或"反"了，这不就是"倒"拱了？

荣杜易现在可以瞑目了，因为汶川特大地震都没把怀德堂震垮。

东方最早的公共图书馆

懋德堂是荣杜易煞费苦心设计的殿堂。除了我们先前提到过的贵格建筑结构特色外，荣杜易还绘制了两幅艺术景观图。一幅外景，一幅内观。大气磅礴的造型和优美的美术线条，让懋德堂的设计更加吸引人。懋德堂虽建成于1926年，但用中庭室内空间的构思在1912年的初始设计方案中就已初步形成，可以算得上是中国近代

荣杜易绘制的懋德堂建成外景图。精确细致,意境十足,建筑师把一座未来的东方宫殿式图书馆景观展现于世人。门口的带中国屋顶的日本鸟居(荣氏"中日融合"建筑)和侧面的鸟居饰门把大楼的东方风味展现到极致

1926年建成的图书馆懋德堂。与怀德堂一样,这栋姐妹楼再现了荣杜易农田起高楼的胜景

荣杜易绘制的懋德堂内景图。典型的贵格建筑结构在这里一览无遗。高大明亮的牛津式中庭图书馆再饰以东方宫殿的华丽修饰让读者一进去就心旷神怡,读兴大增

建筑史上最早的中庭建筑。懋德堂是中国的第一座公共大图书馆,也是中国乃至东亚第一座具有中心供暖的公共建筑,采光供热都远超时代水准,集艺术与先进于一体,历史文化价值不可估量。

图书馆懋德堂是大学的知识源泉,也是荣杜易煞费苦心、尽心雕琢的一栋大楼。在那个时代的中国,人们

甚至从没有听说过人世间还有这样一种机构或者地方，大家可以自由地免费借阅，学习你想了解的几乎世界上任何一种知识，从炒菜、缝衣，到建楼、医病，无所不有。荣杜易显然决心要按照当时世界上最先进的标准和规模，在成都复制一个和英国一样的，与西方世界接轨的世界一流的图书馆。

下图展示了建于1785年的英国伦敦大学图书馆和建于1884年的英国国家艺术图书馆。这些都是当时西方最流行、最先进的图书馆结构和模式，拥有高大宽敞的阅览大厅、巨大的书库、明亮的玻璃窗、先进的借阅设备。按荣氏的设想，这些设备，你都应能在华西的懋德堂看到。

图书馆懋德堂是一座和大学行政大楼怀德堂对称，大小如北京故宫太和殿一般规模的同样巍峨壮观的中国

建于1785年的英国伦敦大学图书馆（左）和建于1884年的英国国家艺术图书馆（右）

华西协合大学图书馆懋德堂
的内部结构

宫殿式建筑。走进阅览大厅，你又会豁然开朗，读兴大
起。整座大楼内部是一个远比故宫太和殿更加高大宽
敞、更明亮的整楼通堂的大厅。宽大的大厅桌椅齐备，
书库里中英文藏书丰富。

　　阅览室的走道中间还铺有地毯，以使行人通过时
脚步声不致干扰读书的学子。两侧宽大的窗户，明亮洁
净。紧邻着的是优美的拱顶立柱，砖柱支撑着二楼的阅

览回廊。方柱的上方还雕有模样古朴可爱，在西方象征睿智多识的猫头鹰的浮雕。与中国人认为的"鬼盯哥儿"不同，猫头鹰在西方是吉兽智鸟。在美国号称"南方的哈佛"的休斯顿莱斯大学的校徽就是一只猫头鹰。懋德堂内，高大的梁柱上雕龙画凤，宫殿式的中国风味道十足。

　　不知你有无注意到窗边墙旁的暖气片，那可是当时的成都人从未见过的洋玩意儿，也是荣杜易在华西协合大学的建筑设计中最得意的一笔。他在华西建筑设计的回忆中只提到了一件引以为豪的成果，它不是传说中的"倒拱"结构，而是他在懋德堂设计中引入了"不只是中国，也是远东的第一个中心供暖系统"。它方便安全防火，既是在远东地区的第一座装有公共中心供暖系统的大楼，也是现代化恒温工程的首次东扩。这是在华西协合大学唯一安装的中心供暖大楼，可见读书的重要。从中国大楼里唯一的地毯，到中国公共大楼唯一的暖气，足见荣杜易对安心读书的环境的重视，因为莘莘学子的安心读书远比教课、办公更需要安静舒适的条件。

（三）

贵格建筑的中国亭楼

贵格建筑和成都亭楼的巧遇

在荣杜易设计的华西协合大学老建筑中，荣氏描下的最能代表荣杜易的贵格建筑风格，同时也最独具川西特色的一笔，就是他始终不灭的楼顶亭楼情结。屋顶的小亭楼是贵格建筑最具特色的一个亮点，几乎绝大多数贵格建筑都有此亮丽的一笔修饰。在荣杜易设计的华西建筑群中，这一特色情结因川西无处不在的美丽亭楼而被他大加发挥。

从他早期的大学规划鸟瞰图中我们可以清楚看到，即使暂时不计聚会所和后来的钟楼两个塔形建筑，大学楼顶带亭楼的大楼就有六或七个之多，如（左至右）：神学院，协中和协中大礼堂，赫斐院，两栋教学楼，万德堂。教育学院（育德堂）原设计是有亭楼的，但后大约资金一时短缺，分两期建成，后一部分由当时四川省主席刘文辉捐资完成，楼中间顶上的小亭在最后方案中取消（医学院楼中间顶上亭楼也在最后方案中被苏忌廉工程师取消）。中轴线两侧的两栋教学楼顶的亭楼（见鸟瞰图）后也被取消。

　　鸟瞰图中在医学院位置的后面有一个两栋楼的小组合楼群。荣氏并未标明是哪一院系，但从他其他的平面设计图可以清晰地看出，这是他设计的"华西协中"和它后面的协中大礼堂（由重庆华商刘子如捐赠。这是华西除后来的新礼堂外唯一建设过的阶梯大礼堂），华西协中最后从此位置移至校西南方修建。除主校园外，在周边差会学

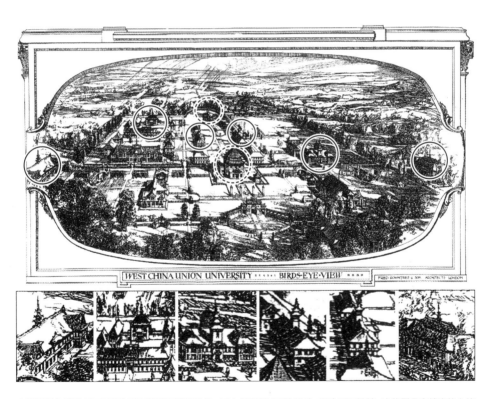

大学规划鸟瞰图中可见到的屋顶亭楼和塔楼建筑。图中虚线圈是两栋塔楼：聚会所和钟楼。实线圈是有楼亭的六栋建筑。下图由左至右：神学院，协中，协中大礼堂，两栋教学楼，合德堂（赫斐院），万德堂（万德门）。最右边的万德堂，只见亭顶，从以后建成的楼看，是万德堂上最美丽的成都望江楼样的楼顶小亭。怀德堂后面的育德堂似乎未画，未能清楚显示亭楼，但荣氏的另一建成图明确此楼正中有经典贵格会小塔楼

WEST CHINA UNION UNIVERSITY NORMAL SCHOOL

荣氏曾经在一幅育德堂（教育学院）的设计图中标明楼中间的亭楼。后来此亭楼取消，演变为两侧延伸的对称"山"字形侧楼

区也有带亭子的楼房。其中最著名的就是华西第一楼：亚克门学舍。此楼明显地把成都九眼桥望江楼的设计融合到了荣氏的宿舍楼的边上。由于设计精美，人见人爱，两位出资方为此还惹出过一出纠纷，此事我们留后再述。

我们前面已经提过，贵格建筑除对称平衡外，它们大多保留有一个显著的风格特色，那就是楼顶的亭楼。小如荣氏就读的公谊会布山姆寄宿学校房顶上的小亭子，大到华盛顿国会山房顶上穹隆形的巨大亭楼（亭子的有柱，有顶，透风三大特色俱全）。我们还提到过，当荣杜易拿到必须要"中西合璧"的华西大学建筑群设计方案的时候，他擅长的贵格会建筑和中国传统建筑风格的高度一致性奠定了他成功的基础。

在实地考察了以四川成都为代表的川西建筑之后，前所未见的秀美典雅、极富自然情趣的川西亭楼已经给荣氏留下深刻印象。他决定要把它们融入他的设计中，而最简单的办法就是用川西亭楼去置换贵格会建筑中的西洋亭楼。事实证明，这是最成功，而且最"多快好

省"的办法。东西双方的看客和评论家们都得到了赏心
悦目、似曾相识、宾至如归的感觉。在全国先先后后设
计建成数百栋的教会大学建筑中,唐破风的檐顶和无处
不见的小亭是华西协合大学建筑所独有的特色。

华西坝的亭楼风

　　说荣杜易吸纳成都地气,不是没有依据的。在华
西大学所在的成都城南一带,向东西两个反向不出五华
里的距离,就算当时无公交车可乘,按滑竿时间计,也
不会超过一个时辰,荣氏在那里看到不少美丽绝伦的成
都古亭楼。成都东有东门九眼桥的望江楼,西有闻名道
观青羊宫的八角亭,浣花溪畔的古杜甫草堂附近还有同

成都东门老建筑望江楼。四层
八角亭,摄于荣杜易到成都前
两年的1910年

样古色古香的唐代万佛楼和一览亭。这些现成的乡土教材，或古色古香，或雅趣盎然，或细致精巧，或沉稳劲健，它们给荣杜易的视觉冲击，不可能不大，其绝美的记忆，不可能不深。它们的美丽形象，天衣无缝，栩栩如生地融入了荣氏的设计方案之中，成为华西协合大学建筑群里飘香争艳的品牌特色。我们先回顾一下人们熟知的成都特色建筑，再欣赏一下荣杜易设计的华西古建筑，相信你一定会认同它们之间一衣带水的亲缘关系。

成都西门道观青羊宫里的古建筑八角亭，双层圆拱顶，雕花外柱，高台基，是罕见的精美古建筑。摄于荣杜易到成都前两年的1910年

成都西门浣花溪畔的唐代古建筑四层八角楼万佛楼和四层六角砖亭一览亭。现楼为2005年重建

华西坝的第一座成都本土亭。荣杜易设计并修建的华西协合大学第一栋楼：亚克门学舍

华西协合大学附属医院楼顶的八角亭。此图与青羊宫的八角亭非常相似，极大地拉近了医院与病人的距离。此图摄于1949年以前，那时万德堂（相片中离本楼最近的一栋带楼亭的楼）还未被移走。不远处可见合德堂（赫斐院）的三重檐塔顶，以及更远的柯里斯钟楼的塔顶。这是老华西协合大学医学院最后一届毕业生温高升医师拍摄的一张非常难得的照片，荣杜易热爱的四个亭楼融于一景，四塔居一。它是历史的记录

华西大学最大的四方亭。华西协合大学理学院所在的合德堂（赫斐院）。三重檐的四方形塔楼造型，华西最经典的贵格建筑风格的教学楼之一

华西大学最美丽的成都小亭。被誉为华西协合大学最美丽的教学楼万德堂（万德门）和楼顶的漂亮小亭。在房顶正中安置贵格会小亭的地方，荣杜易设计了一个小巧玲珑、秀美无比的两重檐的川西六角亭

华西大学最早的贵格小亭

四

贵格东行和东方文化

"艺术与工艺运动"的东方特色

华西大学老建筑的东方式外观，是荣杜易的得意之作，是他成功运用"艺术与工艺运动"风格，洋为中用的贵格建筑中国版。

荣杜易来华西实地考察和完成他的大学建筑设计的时间，正是建筑学上划时代的"艺术与工艺运动"如火如荼的高潮刚过的阶段。荣杜易是英国"艺术与工艺运动"创始人莫里斯协会的首任主席，他对这一建筑学上的新潮流的热爱可想而知。

在19世纪末期和20世纪初期，起源于英国的一场设计改良运动正改变着世界建筑的风格，有人称它为现代建筑设计的转折点。这场运动的主要发起人，就是我们前面经常提到的威廉·莫里斯，也就是在世界建筑史上最具历史地位的"艺术与工艺运动"第一楼——英国"红楼"（The Red House）的设计者和修建者。在"红楼"建设中，莫里斯直接用了红砖做内外墙体，主张更高耸的带哥特风格的屋顶，采用了带曲线的门窗。当然传统的高烟囱、老虎窗、房顶小亭都有保留。作为一个莫里斯特征，他还专门在门口设计了一个独立的小亭子。

和贵格建筑一样，"艺术与工艺运动"也推崇哥特式建筑，喜好古罗马的大气雄伟。简而言之，它强调艺术在建筑中的运用，反对机械的单一；它反对矫揉造作的维多利亚风格，提倡哥特风格的大气和实用；更特别的是，它在装饰上推崇自然主义，推崇曲线，尤其爱好东方装饰艺术（主要的是日本艺术）在建筑设计中的应用。

纵观荣杜易在华西建筑设计中的实践，以上原则他都运用娴熟，既拿捏到位，又发挥得体。他发现了中国文化与贵格文化中平衡对称原则的一致性，直接用他熟悉的贵格建筑设计原则来塑造了华西大学的各个大楼。他运用"艺术与工艺运动"强调艺术，推崇自然，喜好东方艺术等原则，直接把最好的中国特色、本地风貌，和西方人理解的日本"东方艺术"大量地融入到每一栋大楼中去，无处不有，无一相同。

日本风，中日汇

作为历时几十年的"艺术与工艺运动"热潮中得到大力推崇的日本艺术风格，比中国的本土艺术，更多地进入了荣杜易的大脑。如果要问日本建筑有什么非常与众不同的东西，相信荣杜易和多数人多会提到日本无处不有的"鸟居"，又叫"鸡架"或者"天门"，又有称"神门"，是一种类似于中国牌坊的日式建筑。

日本人认为，鸟或者鸡，是人类灵魂的化身，其中有好的灵魂，也不乏肮脏的灵魂，不能让鸟接近神社，故而在各个神社的正门前多建有一个"开"字形牌坊，横梁上宽下窄，两端起翘，名为"鸟居"。此架让众鸟栖息止步，可阻止鸟类飞入神社，以捍卫神社的纯洁和神圣。

在来成都之前，荣杜易并未去过日本。他所知的日本文化，只能从文献资料和艺术展览中得来。但日本艺术的地位，在"艺术与工艺运动"中是高雅和清新的代表，是装饰中的高端亮色。纵观荣杜易的华西建筑设计，不少地方，特别是怀、懋二楼的设计中，他采纳了不少日本风味的图饰造型。前面提到的图书馆懋德堂实景图中，就可以看见他在懋德堂的大门之前，距大楼门廊约十几米的地方，设计有一个日本鸟居架形状，但顶上又有标准中式牌楼房顶的"中日融合"的荣氏牌坊。在中国楼前建日本牌坊，可谓创意，也算创新，但确是他理解的"东方色彩"，是他独创的真正的"中日融合"建筑物，是荣氏的"中日汇"。

不仅如此，荣杜易还特意在懋德堂的侧门（南侧）位置处设计了一个日式鸟居样式的假侧门。这种鸟居样式的门饰，虽有神圣寓意，近来也可见于日本的民居，拿来做真门的装饰。标准的鸟居门架，在两横梁的中间，应该是有一块刻字的匾牌，叫额束。有趣的是，荣杜易仅仅是要它的东方图形而非严肃的格式，他"胡闹"地把匾牌放到了顶横梁的上方而不是中间。或者，他压根不知此架的原理寓意，再或者，他天生就是一个自由派的"融合"大师。荣杜易在门架的最顶上还自加了一根细横梁，这样，匾牌又回到了"中间"，但却是在原宽大顶梁之上。懋德堂的北侧门，出于对公共建筑的安全需求，是一个与图书馆大厅直接相连的可以打开的实门。虽然没有相关图片可查，可以相信，那里会有一扇与假门相同的鸟居装饰的真门。

除了懋德堂，我们还可以在嘉德堂（生物楼）看见在川西风格的木雕大门上也装饰了一条宽大的外宽内窄，边缘上翘的独条鸟居门框饰木，可理解为这是荣氏设计的"半东方色彩"装饰吧。在传统中国式的门框装饰中，是很难看到这种上翘的宽大门框的。

这些日式或中日融合式鸟居的装饰风格在中国的中西融合古建筑，或中国的其他新老建筑中从未出现过，证明了荣杜易是独创地使用富于时代特色的"艺术与工

荣杜易在怀德堂大门还把带日式鸟居式的梁饰用在了怀德堂的大门上，他又在懋德堂侧楼面带设计了带日本鸟居格调的假门

艺运动"中的"东方艺术风"在打扮他的新建筑，同时也驳斥了一些建筑专家所谓的荣杜易在华西建筑中采用了"维多利亚式"或"都铎式"建筑风格的评论。他们只看到了维多利亚式风格的漂亮，看到了都铎式风格有斜顶、中高塔楼等特点，却忘了所谓的"维式""都铎式"建筑风格已是三四百年前的过时建筑特色。

"唐破风"的半弧形檐饰是又一个荣杜易在华西大学老建筑中广为运用的风格。唐破风（からはふ），是日本传统建筑中常见的正门屋顶，也偶在侧窗的装饰部件，是一种两侧凹陷，中央凸出成弓形类似遮雨棚的建筑。"唐破风"的最早来源，有说源自唐宋的中国，也有说系日本原创。至少在中国的遗迹已几乎消失殆尽，仅在极少古迹，如宋代绢画中偶有出现。西安有一古亭也还能看见一点孤影。而在日本，从皇家、寺庙，到民居，此物都是无处不见。所以，说荣杜易是采纳的日本式东方艺术应是对多错少。

荣杜易似乎对"唐破风"檐饰情有独钟，几乎在所有华西大学老建筑楼宇都可看到这种装饰。而在中国其他地方，无论西人，还是本土建筑师似乎很少运用唐破风的檐饰风格。其实，这种东方之美较早就引起了"艺术与工艺运动"建筑师的注意。在"艺术与工艺运动"中晚期的一些建筑物上已有唐破风门檐的出现。我们前面提到过的1909年建成的"艺术与工艺运动"经典建筑——美国伊利诺斯州的俄勒冈县图书馆的大门，就用了类似唐破风式半弧形门檐。而且，就是现在，你也可在英国民居的门饰中看到比较地道的唐破风门檐。

　　荣杜易显然不是日本艺术专家，他对中国文化，如果不是要竞标华西协合大学的建筑项目，也不会知之甚多。但是，他能在极短的时间内，得体、准确地接受和采纳如此多的中国、日本的东方艺术特色，分别或复合地有机融入到华西大学老建筑的各个大楼，无一相同，各显其美，实在是让人佩服。说到得体，唐破风弧度的大小，十分奥妙。一小点飞檐的角度过度起翘，一丝儿唐破风弧度的破格高耸，大楼就会完全走样。

建筑史上"艺术与工艺运动"的主要特色之一是采用东方艺术，尤其是日本的艺术来对建筑做装饰

华西坝的国色"红配绿"

　　红绿相配，是中国人传统的审美观之一。两个最强烈的对比补色，本来是书画色彩运用中之大忌，四川民间就有"红配绿（音陆），苕得哭"（川话的"苕"，有"红苕""老土"的意思）。不过，在高人手里，大红大绿也并非绝对的大忌，对比强烈的红绿比例运用恰当，反可得到喜庆昌盛、巍峨壮观的感受。皇家不说了，中国的民间也喜好大红大绿。生活本就艰苦，不在服饰上加以夸张，"这日子真过不下去了"。东北农民的大花棉袄、芭蕾舞剧《白毛女》的红衣绿裤，都是典型的表现。东北民间的让"大红大绿闪瞎你的眼"，是采用者最好的自我说明。

　　中国的皇宫、王府，喜好辉煌艳丽，用得最多的颜色是红色，紧随其后的大概就是绿色、金色了。而西方的皇家颜色，多不喜欢过于艳丽，而追求极浅色或极深色背景，再加以金色渲染的辉煌浑厚，雄中有雅的风格。对西人荣杜易而言，中国建筑的红绿配无疑对他是极新鲜刺激的感受。所以，在华西建筑群的色彩装饰上，他也大胆首选了这一中国特色最强的配置。

　　红绿相配，这两个最强烈的对比色遍布华西大学老建筑各楼中，是华西大学老建筑的当家颜色。荣杜易选用这一中国传统颜色并将其表达得恰如其分。由于没有红砖红瓦，欧洲流行的"艺术与工艺运动"的红砖色无法运用。荣杜易大胆选用中国青砖黑瓦（与红楼相比，无非是另一砖色），但配以大红大绿中国风，乡土色的门窗，使红绿配在黑背景中争相辉映，格外明快艳丽，成为华西坝独有的华贵特色。

怀德堂的红色是用得最多的，有红柱、红檐、红门窗框格，红色为主调，是华西大学老建筑中颜色运用最响亮的一栋楼。作为荣杜易华西建筑的代表作合德堂（赫斐院）的颜色搭配则更为清晰明快，此楼也是华西大学老建筑中公谊会风格最明显的一栋楼。合德堂大楼呈清晰"山"字布局造型，标准"艺术与工艺运动"修饰，比怀德堂更为突出的深黑色背景下，纤细的红框绿窗的颜色更显深重和谐。红白勾线的唐破风檐口，双重檐大屋顶和中式攒尖顶塔楼，红线条勾画的圆弧形的顶窗，更突出了大楼造型之美，完现了典型的中国版贵格会建筑。

大学校长的居家楼则设计有双层红色廊柱，间以绿色围栏。红绿相间，十分醒目。教育学院育德堂大门，宽大的红门，辅以雕花绿门和日式绿色横梁，别具风味。合德堂大门，以成都南城门造型的大门设计为双层拱形城门式样，红柱绿门，简洁而明快。怀德堂侧窗一色的黑背景上的红柱绿窗，又点缀不同的其他色彩浮雕，色彩运用十分娴熟。

前面提过，除了华西坝无处不有的红绿相配，荣杜易也独特地设计了全绿的懋德堂。此楼为全绿，它又是怀、懋双胞胎的红绿相配中的一员，是大对比中的红绿配。所以，和谐中有独特，平衡中有变异，是荣杜易的另一睿智之处。细看华西诸多楼宇，没有一处相同，又没有一处不像，这就是大师的水平。

荣杜易的风水学

风水作为一种东方文化，早已传到欧洲。在整个20余栋华西大学老建筑设计中，荣杜易的风水观和中国建筑文化是基本到家的。在他的背后，必有高人指点，或者说，他一定肯虚心，并且主动去接受高人指点。

华西协合大学校园的楼宇布置，可以说基本是兼顾了地界走向和整体校园布局的。中轴线的南北向，就很符合中国皇家寺庙或社团建筑的最优选择。河流位置设在校园前方而不是最早设想的后方，也一定是兼顾了风水的考虑（中国最忌屋后有水和高楼）。由于中轴线设在南北向了，校园主要公共大楼的大门都是东西向，这样就避免了更复杂的南北楼向的一些设计困境。比如朝南利好，朝北就事多。不过风水中的任何不利都有"避煞"化解之道，此是后话，也是中国文化的高深与灵活。

不过，确定怀德堂和懋德堂的位置的确有点麻烦。由于要摆在聚会所的前面，并且要并列于大校门两侧的所谓"四大天王"位置，一条必不可少的连接两楼的道路就成了两姐妹的风水之"利剑插心"之大忌。路不好改但可以挡，于是怀德堂门口正中种了一棵常绿千年铁树，以求可避血光之灾，千年之邪。对面懋德堂门口正中则设了一座神门（鸟居架）牌坊，也能避邪挡灾。在全校楼堂中，这是唯一一对有避邪物的大楼。

更紧要的是，由于中国传统建筑皆系木质结构，火灾是第一大患，防火就是天字第一号的大事。风水文化也力避此灾。自古中国楼房各处，尤其是大梁主脊，都设有一系列避火防灾的吉祥物。其中最重要的就是正脊两端的脊兽和南方房舍中梁上的脊刹。正脊两端的脊兽叫"大吻""正吻"或"螭吻"，多为动物，明清以后此物多为龙，或与龙的血缘相近，且能下水的动物。它们大口洞开，把正脊稳稳咬住（专业术语称为"吞住"），吐水吞火，样样不误。

传统中，大吻也是皇权至上的礼制符号和防火防雷的图腾象征，也成了中国建筑的必需。无论时代如何变迁，礼制和消灾的文化对中国传统建筑屋脊造型、居住者的平安心理、和谐社会，都有着深远的影响。这既是古代建筑匠人的营造美学智慧，也是后人取之不尽的精神文化财富。

以怀德堂、懋德堂为例，荣杜易在脊兽上动够了脑筋，也是华西坝所有老建筑中他唯一倾注了如此厚重关爱的两栋大楼。从荣杜易的设计图和以往留下的相片中，我们都可以清楚地看到，两楼尽管有诸多不同，但它们"享受"的防火避灾的"待遇"是一样的，因为它们的正脊和门廊的防火防雷的图腾脊兽都是一模一样，而且都是高规格上档次的。

1946年的外观, 正脊正中脊刹传统的双龙戏珠、双龙吐水

2009年7月26日凌晨, 由英国贵格建筑设计师荣杜易精心设计、始建于1915年的中西合璧的百年典范建筑华西怀德堂, 被一把大火, 烧得干干净净。

华丽的东方修饰

华西坝建筑是美丽的。华西坝里最漂亮的又必数怀德堂和懋德堂这一对人见人爱的"双胞胎"。让我们再从微观和整体来一览怀德堂和懋德堂的美丽。两栋大楼，都是"横看成岭侧成峰"的外观，远看几乎是纯中国官殿式建筑，近观仍有不少西洋的装饰。进得门内，一墙之隔，显示的又几乎是纯西式的结构和装饰。一墙之隔，内外不一。中西两异，中外皆喜。"中西合璧"一词，用在这里真是恰如其分。

懋德堂和怀德堂这对"双胞胎"的建筑装饰非常精美，又具有独特的寓意。勇主外，贤主内。怀德堂（事务所）的四角外柱上有八个洋味十足的红色飞狮造型，代表了大学不惧艰险、奋勇向前的勇猛拓进的精神。而懋德堂（图书馆）的内柱之巅，则镶有代表睿智学识的猫头鹰造型浮雕，它们都与大楼的使用性质十分贴切。注意，这里的八个洋味十足的红色飞狮正是荣杜易表现"艺术与工艺运动"红色基因的特意表述，从他亲自描绘的彩色怀德堂三维图可以证实。在一片绿灰色的大楼远景图中，全楼留有两处红色的点缀，一是两个红色的烟囱，再就是这八个红色的飞狮浮雕。这种表现手法，在以前建成的"艺术与工艺运动"的著名建筑中，已多次被他的前辈大师使用过。荣杜易这里的确是"故伎重演"，用之有道。

作为大学第一主楼的怀德堂上还特意镶有古典雅致的华西协合大学的图章，中国风意味十足。而在脊兽的造型上，荣杜易深厚的"艺术与工艺运动"的日本风再次展现。众多龙头鱼身的脊兽，正是他"艺术与工艺运动"中的东方（日本）情结与中国元素有机融合的荣氏"中日汇"。中国好龙，日本好鱼（日本的灾害以水为多，脊兽一直以鱼为主，中国更多畏火，则从古代的鱼转化为近代的龙，虽然也有的中国龙脊兽仍残有鱼尾，但造型远不如日本鱼尾更像鲤鱼，更生猛）。不难看到，怀德堂和懋德堂正脊、侧脊，懋德堂侧墙的门廊顶脊，以及邻近的育德堂的望兽，均为龙头鱼尾的正吻或压脊，是鲜活的杂交圣兽，是地道的"鱼龙混杂"。让中日镇火图腾融于一身，以求寸火不燃。怀德堂的门饰更是将中日共有的吉祥物白鹤图案化、工艺化，精美高雅地出现在大门内外两层门框上。

荣杜易曾为他这两栋精心设计的重点建筑绘制过两幅建成外景图。他的家族中曾出现过数位画家，他本人也师从其内弟专门学习过绘画。他也曾短期探索过家具设计，也曾用从成都带回的蜀绣设计过优美的贵格椅背。从这两幅荣杜易绘制的懋德堂内景图和怀德堂外景图，我们可以看到他高超的工程能力和美学造诣，堪称大师。荣杜易优秀的绘画技艺和精细的工程细节，以及丰富的想象力，的确不是一般的画家或建筑师可以匹敌。

从懋德堂的内部结构勾画，明显可见他采用了在

懋德堂和怀德堂这对"双胞胎"的建筑装饰

荣杜易绘制的懋德堂内景图
和怀德堂外景图

"艺术与工艺运动"中"红楼大梁"采用过的结构，但他又在梁上添加了仿中国宫殿的精美图饰，不但在大厅横梁上有描龙画凤，在横梁外侧还加有精美的富于曲线美的横拱辅助。可惜修建的建筑师并未能完全复活荣大师的设计，否则一定会是一个既具有先进西方结构，又富于东方瑰丽的美丽图书馆。而怀德堂的外景图，巍峨壮观。我们可以从中看见门廊的脊兽和宝瓶细节，也能

看见扶栏的龙柱和东方的仕女，以及他亲自享用过数周的，当时最环保低碳的交通工具：滑竿。如此精湛的艺术精品，怎一个简单的"美"字了得！

以这两栋荣杜易精心勾画的"双胞胎"大楼的里里外外，我们看到了华西的新装，也看到了荣杜易的智慧。华西坝，这个成都近代文明的重要符号，借由荣杜易的神奇之手，仅大校门口的一小片景观，几栋楼房，就把东西方古老文明在历史中的一次偶然相遇，赋予了全新的生命。这些偶然产生，但又影响深远的文化遗产，如美妙的组诗，似动听的合唱，给美丽的华西坝留下了永恒的记忆，给幸运的成都人民留下了永续的福祉。

第三章

群花争艳的华西建筑群

借由校门口的两栋精美代表性建筑怀德堂和懋德堂，我们初探了华西大学老建筑的外貌与肌肤，以及它们与欧美闻名的贵格建筑的千丝万缕的联系。下面我们将对其他代表性的华西大学老建筑分别介绍，让我们来再睹它们的美丽，重探它们的逸事，也重温它们的动人历史。

一

亚克门学舍的逸事

荣杜易设计的华西协合大学楼群中，开工建成的第一栋大楼是亚克门学舍。此楼建于1914年10月3日，是一栋两层楼的男生宿舍楼，供美以美会的学生住宿。宿舍楼不大，但在建筑学上却独具特色，它融合了传统贵格建筑的对称与"艺术与工艺运动"的不对称。大楼的西面是如其他贵格建筑一样完全对称的楼体，而连上大楼的东翼则又和"艺术与工艺运动"的莫里斯"红楼"一样呈"L"形。把大楼两翼连接起来的是南侧转角处的一座独具成都特色的漂亮的六层塔楼，此时三种建筑元素汇集于一楼，不可不赞美荣氏的智慧。亚克门学舍是华西大学开工修建的第一栋楼，也是世界上第一座把一座中国八角形六层塔与一座西方建筑融合在一起的建筑，因此它的意义非同一般。从远处看，它几乎就是成都九眼桥望江楼的翻版。

关于这栋美丽楼房的设计和建设，还有一个美好的故事。人们常说，万事开头难。但对华西协合大学的建设，它的开始却进行得无比的顺利，以至它的第一栋大楼还出现了捐款人竞相出资的事情。的确，面对荣杜易设计的如此众多和精美的校园楼宇，人们不禁会担忧：要建成如此精美绝伦的校园和这么多宏伟壮观的楼群，大学董事会和这些外国的差会一定会花费不菲吧？事实正好相反，大楼的建设几乎没有让学校董事会破费几多。从建楼一开始，这些大楼就源源不断地得到私人的慷慨解囊和无私捐助。

华西协合大学的第一楼：亚克门学舍。1914年由美国纽约的亚克门·柯里斯医生独资捐赠给大学以纪念他的母亲亚克门

这第一栋大楼本来是美以美会为纪念贾会督神父而捐赠修建的。此时,纽约浸礼会的亚克门·柯里斯医生（Dr. Ackerman Coles）得知了这一消息,荣杜易设计的这栋带中国亭子的楼房立即引起了他的兴趣。他完全为荣杜易精美的设计折服并立刻迷上了这栋楼。他决定要自己独资来捐建这栋大楼,以纪念他敬爱的母亲。

当柯里斯医生得知美以美会已经出资开始了大楼的建设。他斩钉截铁地说:"我一定要出资修这栋楼。"他说:"别人出了资这有什么关系吗?叫他退出就行了,我会来付款。"大学的毕启校长反驳道,这可是美以美会的楼房,而且建在美以美差会的地界里。而你是浸礼会（American Baptists Church）的教徒哟。科里斯医生回答道:"我不管他什么美以美会或浸礼会,我只要建这栋楼!"

两个月后,美以美会的捐赠人同意退出,在旁边择地另建贾会督纪念室（Joyce Building。如同它的不顺利的开始,贾会督纪念室的命运不济,迄今几乎没有多少完整影像残留。而亚克门学舍远比它幸运,尚有不少高清遗像存下）,柯里斯医生如愿以偿,以全资的投入,得到了大楼的冠名权。柯里斯医生后来还为大楼雕刻了有"亚克门塔楼"的一块不锈钢名牌挂在楼上。他说这栋楼将用于纪念他的母亲亚克门,这也是他当时为什么要力争拿到这栋漂亮塔楼的捐款权的原因。

可惜,此楼在1950年被拆。

亚克门学舍正面

建于1914年的华西第一楼亚克门学舍的侧面。成都的八角亭与西方建筑完美融合于一体。"L"形的平面造型继承了
"艺术与工艺运动""红楼"的特征,但西面的平面又是完全对称的贵格建筑特色,它最特别的地方就是转角处的成
都望江楼式八角亭

（二）

万德堂和土地庙

提到华西坝老建筑，除了闻名的怀德堂和懋德堂，还有另一个楼，那就是建于1920年的万德堂，又称万德门、明德学舍、万德门纪念堂。英文名The Vandeman Memorial Hall，系美国浸礼会万德门夫妇捐建，英国公谊会建筑家荣杜易设计。这是历来被称为华西坝"最漂亮的一栋楼"，溢美之词不绝于耳。它也曾经是华西坝的活动中心。在大学礼拜堂最终未建（老华西在宗教方面一直是谨言慎行，大学礼拜堂原址已改建钟楼），新礼堂迟至大学易手前夕才建，怀德堂的礼拜堂又因太小而不能容下日益增多的华西民众的时候，万德堂豪华宽大的双层阶梯讲演厅，就是学校诸多庆典活动和每周主日礼拜聚会的唯一地点。

美丽的万德堂

万德堂的确是精美秀丽的。它个头不大，比其他几栋大楼尺寸略小，但它打扮得体，门脸端庄秀丽，屋顶典雅大方。而精巧道地的成都亭楼，又如同美女头发上插的一枝小雏菊，把大楼打扮得婀娜多姿，华美诱人。最增色的当是楼后面华西坝最得意的双层阶梯讲演厅，那是中国当时最先进、也是最早与国际接轨的西式大礼堂。万德堂之所以是华西唯一真正的"堂"（Hall），就是指的这个厅。

可惜，40年后，在万德堂正当壮年的不惑之年的时候，由于成都要建设仿北京的"中轴线"，而万德堂正在线上，于是被拆了。

相信看过荣杜易设计的万德堂的人多已不在人世，如健在的也已过古稀之年。诚然，讨论荣杜易的建筑，美丽的外表只是"浮财"，结构功能才是他的"真金"，不过荣氏素来是里外兼顾的专家。他的设计，是集中西之美于一身，集先进与传统于一体的完美作品。用华西协合大学首任校长毕启的话说："但我知道的是，一旦它们开建，它们将绝不会是廉价和俗气之物。与西方基督教在这里开始的其他事业一样，它们一定是一个非常给力，并且华丽壮观的建筑群。"（摘自毕启《大学的开始》，1934年）在讨论大楼的结构功能之前，让我们一起来先回忆一下万德堂当年的婀娜风姿。

真正的美是无须遮掩，也不怕谈论的。当时的华西坝，无疑是一派生态的环境。天、地、人，是真正的相依为命，和谐共存。农民和教授，奶牛和白鹅，西人和华人，都是华西坝天天可见的常客。当你闲时课后，路过万德堂边，可以看到奶牛母子喃喃细语；当你散步于足球场上，可侧身于奶牛们之中。当现代派的华西坝

初建成的万德堂

万德堂侧后面，可见楼后高大的讲演厅

茶馆会，坝坝情。大操场上悠闲聚会的牛群和阳光下散坐读书的华西学人和谐相处，广场的侧面，组成这一道美丽风景图画的就是秀丽婀娜的万德堂

时尚学生们，在万德堂边挽弓或踢球的时候，你要赞美的，不只是旁边宫廷般亮丽，庙堂样亲切的万德堂，还有悠闲和谐、健康向上的生态社会。

从老照片可见，小巧玲珑、端庄秀气的大楼具备了贵格建筑几乎全部的要素：大楼呈贵格建筑"山"字形平面和立面双平衡对称的布局，两端连接部比其他教学楼稍短，侧楼位居两侧顶端，前后凸出。正面及侧面中心位置俱为双重檐歇山式中国大屋顶，主楼侧面则为单檐歇山屋顶，属混合重檐大屋顶。大楼为两层明楼楼房，第三层有阁楼式内空间，四周开有老虎窗式的日光照明，下面有半地下室（地下室在地面地下各占一半），实际利用空间为4层。楼顶正中有一标准贵格会建筑楼亭结构，安装了一个双层八角攒尖顶成都楼亭，与成都城东望江楼的楼亭造型十分相似。我们不妨叫它华西的"望江亭"。

万德堂的大门有些独特，更多地采用了贵格建筑的装饰风格。与其他各楼的几乎纯中式楼门略有不同。它设有双层中式的门檐，檐下为与中国的寺庙大门或古罗马凯旋门式样近似的对称三拱门。门饰突出了以浮雕装饰风味

万德堂楼堂不大，却典雅大方，中西风格兼备，且各得其所，互不干扰。看似中国风十足，却是典型西式楼堂。此图为万德堂的前侧面近观

浓郁的复古型门脸，端庄肃穆，古典美雅兴十足，实实在在地透出了以西方古建筑风格为主的"艺术与工艺运动"建筑风格的味道。由于有半地下室，大楼加高了门前阶梯石梯的高度。门口饰有四只类似中国庙堂前石狮或麒麟抱鼓的扶屏，加以规矩平整的四根浮雕型立柱和直线式平整中式浮雕门檐，把大门修饰得古色古香、端庄典雅，是荣氏中西融合建筑的又一成功范例。

作为因新古典主义建筑特色的兴起而发展起来的"艺术与工艺运动"和贵格建筑，对古典建筑有特殊的嗜好与钟爱。在此楼的装饰上，我们看到了一丝与华西其他各楼不一样的西洋古风，虽然它只是含蓄地隐藏在一大堆貌似中式的修饰之中。和华西大学老建筑的统一的对称平衡风格一样，荣杜易也看到了中西古建筑在门饰上的和谐和统一。他不是如一般人所言地单纯搬用了中国的建筑特色，而是运用了他熟知的西方建筑特点，又巧妙地选用了它们与中国风格一致的部分，因而他的作品自然得到了中西双方的认可和赞誉。就此而言，万德堂的大门确实是荣杜易中西融合设计的成功典范。

大楼门前的石梯是荣杜易在华西多个建筑都选用的设计。它们有的与台基有关（如懋德堂，怀德堂），有的与半地下室有关（如万德门），有的与两者都有关（如雅德堂）。石梯和台阶是中国宫廷建筑多用的特色，也是西方教堂、大厅常用的修饰。它使楼宇更显大气雄伟，既壮观又上档次。在深受贵格文化熏陶的美国宾夕法尼亚大学的著名建筑医学院大楼（文学院楼以前

万德门在石梯上典雅豪华的三重拱门。荣杜易选用了中西共有的拱门，西方喜爱的石梯、浮雕和饰柱，加上典型的中国式门檐，大门显得庄重典雅，古朴美观

是老的医学院楼，后又重建了更大的医学院楼）和万德门，都选用了半地下室，大门都选用了高台阶石梯进入大楼正厅。和雅德堂相似，万德门大门选用了比别的楼略高的石梯，此虽多半与地下室有关，但同时也使楼宇更为壮观，大气。

和华西多数大楼不同，万德门在石梯上方选用了比较豪华的三重门，进门以后还有内置石梯。这是中西，尤其是西方比较庄严肃穆的皇室、殿堂多用的选项，有的甚至在室内要攀登3层以上的内梯，才能到达正殿。万德堂在装饰上却更多地引入了西式的浮雕墙饰，花纹、鸟兽和浮雕门柱、门檐，这些在中国建筑中是较少采用的。外观看着都像是中国风貌，而内在根底却是十足的西式内容。中西双方都能满意，这是荣氏巧妙聪明之处。在引入西方现代科技和优秀价值观的冲突中，当今国人也应该更多地学习荣氏的智慧，才能既洋为中用，发展中华，又不给人留以攻击的口实。

我们后面还要特别讨论，所谓装饰，是一种提高、升华了的艺术，有其特别的美学乃至文学的价值，是中华民族文化长期艺术化、抽象化后的艺术瑰宝，就如甲骨文只在博物馆可以见到，不会在大会公报里出现一样。建筑装饰绝不是简单的"农家乐"，艺术复原绝不是按按傻瓜相机。万德堂的浮雕、墙饰、脊饰都是高端艺术的珍品，反映了荣杜易高深的美学造诣。

见证万德堂成长之"华西树"

　　这里要先讲下华西大学和美国大学在种树方面曾经发生过的一段逸事。

　　管子曾在《权修》中说："一年之计，莫如树谷；十年之计，莫如树木；终身之计，莫如树人。"教育和植树的联系，是中华民族智慧的总结。如今，此一理论已漂洋过海，成为"东方意识"，被洋人"中为西用"。美国最著名的前十名医学院之一的德州贝勒医学院的住院医生在培训毕业时，将会得到贝勒校长颁发的毕业证书，证书上方标示"最高指示"的位置，是赫然用英文写下的上述管子的名言："If your plan is for one year, plant rice. If your plan is for ten years, plant trees. If your plan is for one hundred years, train people. – Confucius（孔丘）。"贝勒医学院义务来华西培训住院医生的布朗教授曾热心地专门向笔者展示过这一证书，表示了他对中国的敬意。当然，洋人至今仍误认为这是孔子的名言，因为管子的名字对他们来说实在是太难懂了，"人怎么会自称管子呢？"（"A man called'tube'？A you-tube？"）

　　若干年前，贝勒医学院主管临床训练的内科主任布朗教授在退休后，决心遵循所谓孔子的遗训，免费到华西医院来亲自实践培训中国的住院医生。华西医院当年一个班的实习医生，就是由布朗医生亲自培训的，他们如今正工作、服务在中国和美国的各个医院里。他们所有的人都承认，他们得到了世界级的医生临床训练，至少在中国，这是中国医学史上的唯一。十年之后，贝勒医学院的另一个主管临床教学的内科主任、美国消化道内科权威林奇教授，也欲循布朗医生的踪迹，申请要来华西医院免费教学一年。

再说回华西与植树。就是在当年的华西协合大学校园，华西人在万德堂建成之际，的确是在它的门前种了一棵特别的小树，和万德堂一样，它也享受了40年的生命。由于它的特殊时间和地点，我们姑且称它为"华西树"。人们当时还种了不少其他的树，但这一棵很特

刚竣工的万德堂，主人们还未入住。在出门的右手边，小树初现，当时的华西人种下了这棵奇特的小树，它见证和伴随了大楼的成长

别，位置很特殊，它始终处在留影的前面，它也不与其他树木配套，它的确伴随万德堂走完了它们的一生。就是它，和目前留下的几张少见的万德堂真容，是后来的华西学人了解华西大学和万德堂美丽图景和大学成长发展历史的物证。

从前面这张正面图可以清楚地看出万德堂的对称与造型。刚竣工的万德堂，门窗大开，主人们似乎还未入住。 估计是一年之后，万德堂开始使用，小树也长到了约一层楼高。住在华西附近的农民老乡时常经过楼边小路，外出经营生计，也顺路欣赏洋楼的美景。美好的东西，一定是人见人爱的，无论你读哪一种书，说哪一

一岁的小树有一层楼高了。树在图中相当于石梯最下一级的位置。另有一棵小杉树长在大楼的右侧（图的最左边）

小树已约有2-3岁了, 快两层楼高了。华西树在图中几乎正中的位置。小杉树也长出身材来了

种语言, 美无国界。注意楼的右侧, 还有一棵小杉树。估计又过了两三年, 在上图中, 小树已长到约两层楼高了, 楼右边的小杉树也长出模样, 落落大方。

随着时间的推移, 万德堂大楼周围已是树木繁茂, 郁郁葱葱。环境也逐渐园林化。小树也长得和大楼一样高了。杉树也长大不少。农民邻居们仍住四周, 或来去匆匆, 或悠然散步, 好一幅和谐幸福的众生图。下一幅图中可见树木已更加壮大, 似乎是盛夏的成都校园。抗战期间, 使用万德堂的是南京金陵女子文理学院。以其整40岁的寿元计算, 此时的万德堂正该进入青壮年。

小树快满十岁了, 和楼房一样
高, 成大树了

万德堂的小树成了大树。在抗
日战争时期, 五大学入住华西
坝, 万德堂是南京金陵女子文
理学院的校址

万德堂的结构

万德堂基本上是一座教学用楼, 尽管也兼做学舍住
宿。从荣杜易绘制的万德堂设计平面图看, 大楼依然与
其他华西大学老建筑一样, 是贵格建筑的"山"字形平
面和立面双对称平衡。应该指出的是, 荣杜易设计的大
学第一批图纸, 几乎所有教学楼都是"山"字形布局,

平面图的大门的后方，也就是"山"字的突出中峰，是清一色的阶梯大教室/讲演厅。但在第二批大学设计图中，也许是出于经济的原因，只有个别楼，包括万德堂，保留有中心阶梯大教室，其余各教学楼，包括医学院的阶梯大教室，都缩小到两侧的侧楼之中，中心阶梯大教室几乎都已抹去，残存中最大、最豪华的阶梯大教室，就是万德堂后面的阶梯大教室。

从后图的一层平面图可见，走过门外阶梯之后就是楼门，进门后仍是内藏阶梯。其优点是可使门外阶梯布局不会显得太高，二是室内阶梯还有更进一步的档次提级作用。一般当穿过室内较暗的阶梯之后，进入明亮的中堂大厅，常有心舒眼亮，心旷神怡的感觉。这种布局是欧洲皇家殿堂常用的布局，这会使中堂大厅显得十分辉煌。登楼进入一层中堂，就可看到宽广明亮的大厅。从这里可以通向一层的各功能室，包括教室、会议室/小讲演厅、小博物馆、实验室和小图书馆。你也可直接在这里看到一层内阳台前方的大楼演讲厅。这里既可以往上登上二层楼，也可通过前方的楼梯下到与地平线同水平的演讲厅或阶梯大教室入口。二楼几乎全是实验室，这一层的中厅也有直通讲演厅的楼梯通道。

一楼和二楼的后面，都设计有向外凸出的大玻璃窗，类似于国内目前流行的"飘窗"或国外叫"海湾窗"（Bay Windows）的大窗户，凸出的外窗可以保证室内有充足的阳光。从平面设计图标注看，全楼后侧功能室的位置是相当于阳光房或温室的植物房。此楼曾有

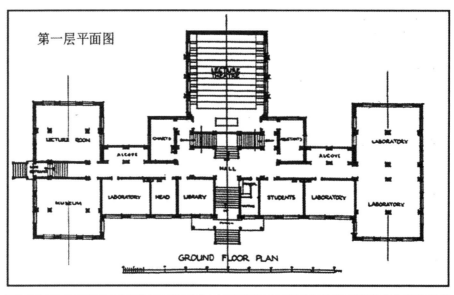

第一层平面图

GROUND FLOOR PLAN

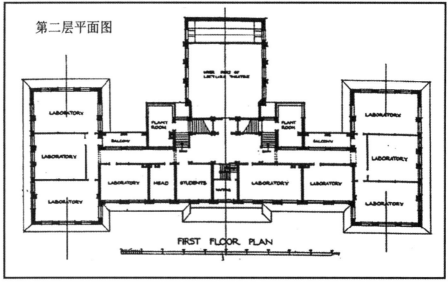

第二层平面图

FIRST FLOOR PLAN

荣杜易绘制的万德堂设计平面图（第一层和第二层，不包括地下室和阁楼，地下室应该与一层有相似布局）。一楼为教室、会议室//小讲演厅、小博物馆、实验室和小图书馆。这里也是阶梯大会议厅的入口，先下再进。二楼几乎全是实验室，有直通讲演厅的楼梯

过多种用途，不知在设计时是否当时就已经定位为药学系大楼？如果是，荣杜易的设计是很有先见之明的。

联系到离楼不远是大型室外药用植物园。可知，在100年前这个国内最早的西医西药研发大学和中国第一个现代化的药学院，已经考虑了有中国特色的中药或植物类药物的化学提取和研究开发！如此先进的思维考虑，可谓领时代之先！

万德堂的中心阶梯大教室，是华西大学最大的和唯一的，而且是有楼厢的双层阶梯大会议厅/讲演厅/大教室/礼拜堂。万德堂之所以称"堂"（Hall），而其他称"楼"（Building），大约就是与此演讲堂有关。在厅内，讲演台面靠大楼，听众由前面进入，通堂的阶梯座椅，宽大的窗户，如歌剧院一般的座位安排，保证了最好的视听效果。在演讲厅的末尾，有上二层楼厢的楼梯，可保证容纳更多的听众。高大的演讲厅的两侧，是

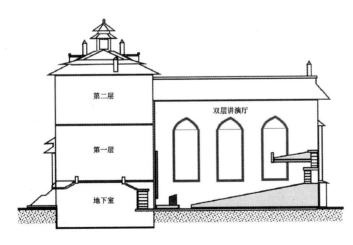

第二层

第一层

地下室

双层讲演厅

万德堂的侧面剖面图。此图清楚地显示了大楼的机构与功能关系

两层楼高的宽大的哥特式尖拱玻璃窗，以保证需要时大厅里有足够的天然光照明。

演讲厅的布局与结构、装饰，都绝对是纯西式的，最现代的。第一，中国从没有这类建筑，无可仿效、"融合"。第二，要达到预定的视听效果，也只有模仿西方已经成熟的大教堂、大剧院建筑结构。当然，楼的外面，除了哥特大教堂式的窗型，是纯中式的大屋顶，飞檐斗拱样样俱全。连空白的后墙，也设计了一个装饰性的中式楼窗和窗檐，由于未见可打开的窗户，或者这微微凸起的墙里面应该是上楼厢的楼梯位置。

基本建成的万德堂。背后的双层讲演厅的窗户还没装上。茂密的芭蕉树和农舍与它同生共息，相依相存

若干年后，树木成荫，园林茂密，万德堂已进入壮年。美丽的讲演厅兼礼拜堂是华西大学最繁忙热闹的地方

千树万树梨花开，点点雪花落瓦檐。成都少见的瑞雪，给万德堂披上了一层白纱，更显其魅力无限。看树的大小，应是刚建成不久的年代。注意大门台阶的得体高度，和老华西的许多大楼一样，这是从地面登上高于半地下室的一层的高度

$$（三）$$

两个人的钟楼

　　如果要问："你知道华西坝的老建筑有哪些吗？"十有八九会回答：钟楼。所以，无论华西坝有多少楼堂，最出名的地标建筑还是荷花池边上的柯里斯钟楼，一座由纽约的亚克门·柯里斯医生（Dr. Ackerman Coles）捐赠的钟楼。柯里斯医生同时也是"华西第一楼"亚克门学舍的金主。他是华西协合大学周忠信牧师（Dr. Taylor）的朋友，是由首任校长毕启亲赴纽约邀请到的华西建筑施主。

　　其实，华西钟楼并不在荣杜易最初设计的华西建筑群计划里。它的出现纯属意外。钟楼所在的位置在荣杜易的大学设计方案里是大学的礼拜堂，一座宏伟美丽的中西融合的大教堂建筑。而荣杜易所设计的历次华西建筑方案中（完整方案就有3个），都没有这座钟楼。由于当时国人强烈的"排洋反教"的情绪，华西协合大学的一切与宗教有关的建筑如神学院、礼拜堂等，都迟迟未建或不敢建。于是就修建了现在的大学钟楼。

荣杜易的钟楼

1925年，柯里斯钟楼在校园中轴路的最南端建成。它的旁边有大学的荷花池，它面对的是一条小河，河两边分列着大学的一系列主要教学楼。它迎面遥望的建筑应是大学最高大上的建筑聚会所（尚未建，"文革"后那里建了新图书馆），聚会所的后面就是大学的大校门（亦未建）。

钟楼一建成，就成了大学和成都市民的新宠。人们有事无事都要来华西坝溜一圈，主要看柯里斯钟楼。它十足的西洋风融合中国味，以及它那可传数里的钟声，的确吸引着好奇爱美的成都人。平坝上耸立的钟楼，有7层楼之高（华西多数高楼为2至3层）。它有如登上外星的航天飞船，矗立在华西坝上，随时准备起航；它又似一把神剑，指向天际，似乎会传达华西人与神的交流。它理所当然成了华西坝的地标。

钟楼是一座青灰色砖砌的仿成都城墙门楼样的高台，台基即有4至5层楼高，下面有像成都城门一样的拱门，台上有一层城门门楼样房间，上为歇山样楼顶，顶脊上两边各有一只弯曲的小龙样脊兽。楼顶上方装有在美国定制的四面大钟，大钟上方是北欧教堂尖顶的西式攒尖四角塔顶和一排出声的小楼窗，不过塔顶是带有中式的飞檐的四角仿中国塔顶。钟楼总高度至少有7至8层楼高，悠扬的钟声据说可传数公里远。与校园其他建

这张罕见的钟楼照片，记下了
90年前，雨前的华西坝柯里
斯钟楼，它是华西坝的地标

初建成的钟楼，是华西人的
最爱。或桥边闲坐，或堤上
遛狗，或河边垂钓，或同学留
影，任何活动都乐趣无限

筑一样，钟楼的青砖、黛瓦、红墙、拱门俱全，唯艺术
的高雅程度稍次外，风格和华西其他老建筑基本一致。
当年华西协合大学国学教授林思进曾为钟楼落成题撰楹
联，"念念密移古今一瞬；隆隆灭者天地敦长"，其历
史寓意可谓深远。

　　中国的钟楼大多为城楼型，宽大而厚实。华西坝钟
楼除了基座为仿城门样式，塔楼细长而高尖。除了塔尖的

美国著名贵格大学纽约州
康奈尔大学的地标建筑钟楼
（上）与华西钟楼（下）

檐角略有起翘，几乎是一个北欧风味颇浓的西式钟楼。此时人们不禁想起了美国著名的也是贵格会建的常春藤名校康奈尔大学，它的地标建筑也是一座钟楼。观其外貌造型和华西大学的贵格会建筑师荣杜易设计的钟楼，包括他原来在大学大校门门楼上设计的钟楼，还真有些似曾相识的感觉。或许这还真是英国或北欧的公谊会/贵格会建筑家们喜爱的钟楼风格。

钟楼一建成就成了人们的活动中心。华西学人，包括城里的市民，闲时都喜欢来风景如画的华西坝一游，除观看华西坝中西融合的"中国式新建筑"，也来观赏这座与中国钟楼结构样式都完全不同的新奇的"穿着中式衣衫"的西式钟楼。从这张早期钟楼前拍摄的相片，

早期钟楼，左边是生物楼嘉德堂，路边有白鹅观塔，还有跨河的拱桥和小石桥。小石桥的路石表面似乎已有相当年月

可见一图之中，人们在此各得其所，有坐桥墩上闲聊的，有堤上遛狗的，有河边垂钓的，有背小孩散步观鱼的，也有似乎是华西新女性来塔前留影的，各种活动都似乎那样的悠闲惬意，乐趣无穷。

作为华西坝的地标，钟楼是人们留影的常客。我们可以看出此钟楼的外形与荣杜易其他楼堂的基本线条有点相异，似乎美感略差一点，和其他楼相比，曲线、直线的比例、弧度都有不同。但它仍是华西坝最有特色的建筑。其他诸楼，都还可说是"中国式新建筑"，远看的形态都还可以说是中国楼堂样式，西式结构是藏在楼里的，藏而不露，不进去就不知道。而柯里斯钟楼，对多数中国人来说，不是中国传统结构，明显是"洋人高个儿穿了中国衣服"。所以看稀奇的群众占不小比例，玩相机的，多数要首选华西坝拍钟楼，而少去其他楼堂。

央视的成都气象预报，也多次用了华西钟楼这个成都地标。大家熟悉的相片，本文不再重复，这里仅列举一些相对少见的，从别的角度拍摄的钟楼相片，给我们以不同视角来观察、理解、欣赏钟楼。左下一幅大约应是从校长楼下拍的，别有风味了。右卜应该是从苏道璞化学楼门口拍的，特点是把中国的莫里斯小亭和钟楼连在一起了。后页左上是华西协合大学医学院最后一届毕

从校长楼看钟楼

从苏道璞化学楼看钟楼

1949年医学院毕业的陆承恩医生出国前在钟楼前的留影

1949年医学院毕业的温高升医生给他的同班女同学
在苏道璞楼门廊上拍的钟楼合影

业生陆承恩医生（和内科梁荩忠老师同班）要告别华西
和中国，去美国工作前和女朋友在钟楼前的合影。右上
是他的同班同学，未再出国但留校服务的温高升医生给
他同班女同学在苏道璞楼门廊上拍的钟楼合影，角度非
常优美，犹如置身欧陆罗马。这些相片，都显示了他们
对华西钟楼的热爱。

　　温高升医生的摄影技术是颇高的，他的另一幅具有
历史意义的"华西四亭"的绝版相片也拍了钟楼，不过
是他从数公里之外的医学院附近拍摄的。钟楼的地理地
位，可见一斑。当时没有雾霾，作为成都市最高的建筑

温高升医生留下的一张非常难得的远眺成都最高建筑，华西坝钟楼的相片。此图摄于1949年以前，那时万德堂（相片中离本楼最近的一栋带楼亭的楼）还未被移走。不远处可见合德堂（赫斐院）的三重檐塔顶，以及更远的柯里斯钟楼的塔顶。荣杜易热爱的四个亭楼融于一景，四塔居一。它是历史的记录

物，相信即使是天晴时站在皇城的城楼上也应能看见钟楼的靓影。

除了后来易地修建的，如医学院楼、大学新礼堂，或有其他人参与设计或修改设计外，华西的老建筑应该都是荣杜易设计的。可这个柯里斯钟楼是谁设计的还不清楚。有人说是荣杜易设计的，有人说是苏威廉设计的，似乎无人给出过准确回答。从建成的钟楼看，确实与荣杜易的其他楼堂风格上有些差异，首先各板块的比例，曲线或直线的线条似乎不如荣氏的设计优美和谐，有些畸形、突兀和不优雅。比如飞檐檐角的起翘，突兀而快捷，中外少见。塔顶和城楼比例失调，大小不合比例。歇山楼顶和台基比例也有点失调，攒尖塔顶，欧式风格太强，尖而高，虽然它也有飞檐，几乎不能叫中式。脊兽的跃动双龙与已建诸楼脊兽风格不一致，乡土气过多而图腾味不足。

看来建成的柯里斯钟楼有不似荣杜易的因素，那

么，和荣杜易有无关系呢？似乎也有。让我们看看，荣杜易的确设计了一座带钟楼的塔楼，那就是荣杜易设计的华西协合大学的大校门。大校门是荣杜易的得意之作，是花了心思的中西合璧的高大上建筑经典，也和美国贵格名校霍普金斯大学的地标建筑吉尔曼堂的钟楼造型颇为相似，以至他把它存入了英国皇家科学院做展览（见荣杜易：《华西协合大学的设计》，1924年。可惜后来未建）。柯里斯钟楼的确和荣杜易的建筑风格有不少相似之处。高大的城门样楼基，几乎垂直边的歇山房顶，比较高细的钟楼部分，只不过荣杜易设计的校门钟塔是多重檐而柯里斯钟楼只有一重檐。

荣杜易在完成华西建筑设计后不久，于1927年在英国病逝。新柯里斯钟楼于1925年建成，距他去世只有2年时间。他在世时是否参与设计，不得而知。或许，当

荣杜易早年设计的华西协合大学大校门

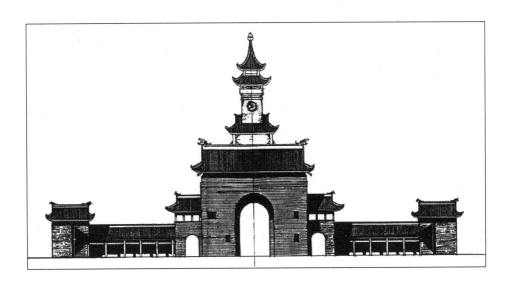

Design for Entrance Gateway, from a drawing exhibited at the Royal Academy, 1924.

荣杜易早年设计的华西协合大学大校门并绘有建成景观图，华西钟楼与此确有几分相似之处

向他咨询华西钟楼设计时，他建议了大校门模式的改良版？或者由他儿子（与他同一建筑公司），或公司其他成员负责改建绘图？或者由中国国内的建筑师，如苏继贤负责改建？或者是其他不相干的其他人？不得而知。但可以肯定的是，后继者的美学观念的确不如他，没有荣杜易设计的大意随缘，"顺手拈来俱佳品"的大智慧以及给观赏者提供高雅享受的大手笔。

虽如此，这个荣杜易版（虽不一定由他直接经手）的柯里斯钟楼，虽然有些不足，但它基本上是成功的，是成都华西坝的地标和老华西建筑的突出标志，是群众喜闻乐见的好建筑。华西人的喜庆离别、休闲欢乐，都没离开过柯里斯钟楼。

古平南的钟楼

看了以上描述，很多人估计会问了，怎么这个钟楼和现在的华西坝钟楼样子不一样呢？啥时它被改建了？为何要改建？在陆承恩医生1949年离开华西坝时他还是老样子！这也正是笔者对华西大学老建筑产生的疑问。正是这一疑惑，导致了笔者尔后对华西大学老建筑进行了一系列调查和考证（或可称"图像考古学"）。

不错，现在的新柯里斯钟楼的确是重建的，和老钟楼有不少差异。它改建于1954年。为何要改，不得而知。它的设计师，是当时的四川省建设厅建筑设计院总工程师古平南。古大师毕业于重庆大学建筑系，是古建筑研究专家，曾在20世纪50年代初期，设计有中西融合兼复古主义建筑风格的原成都工学院第一教学楼（现四川大学办公楼）。古平南履历不详，但自称师从喜好"中国风新建筑"风格的中国建筑大师杨廷宝。杨廷宝是原中央大学建筑系主任，而当时中央大学建筑系因南京沦陷就设在重庆大学校内，所以古平南或许是中央大学建筑系毕业，或许是在重庆大学建筑系上学，但兼听过杨廷宝大师的课程。

杨廷宝毕业于美国名校宾夕法尼亚大学建筑系。在美国名列榜首的世界名校宾夕法尼亚大学是一所受贵格会影响颇大的大学，地处美国贵格核心地区的贵格市城中，全校所有运动队的名称都叫"贵格队"，而且全校多是贵格风格建筑。耳闻目染，杨廷宝在一所这样的大学受训5年，他得的什么真传，不是一目了然了吗？难怪杨廷宝设计的不少"中国风新建筑"的对称平衡的贵格风格十足，与贵格风十足的华西大学老建筑也颇有相似之处。而古平南设计的成都工学院第一教学楼和华西协合大学的贵格会"山"字立体对称风格的建筑造型外貌也十分相似。古平南自己也称他设计成都工学院的主楼时"曾经先考察了华西大学老建筑的设计"，贵格建筑正是沿袭建筑学上风行一时的"新复古主义建筑流派"所发展起来的风格，无论古大师当时是否提及贵格会建筑的名讳，它们遵循相似的原则和美学观念是非常一致的。

古平南设计的新钟楼很快得到人们的认可。说实在的，新钟楼外观造型比老钟楼更加端庄漂亮。首先，它的钟亭与台基比例合适，肥瘦合宜。其次，它一反华西原建筑的川西建筑的秀丽翘楚风貌，引入了北京故宫紫禁城的京师端庄和皇家风范，使钟楼更适合西南最高学府的地标建筑的身份。尽管檐角起翘比川西风貌更为踏实庄重，门楼屋顶也改用了故宫角楼采用的十字屋脊，四面亮山，多角交错，精巧玲珑的楼顶，钟楼整楼结构

古平南设计的原成都工学院一教楼和荣杜易设计的华西大学赫斐院楼，二者都仿效了新复古主义风格的贵格建筑特色，"山"字形对称平衡，中式楼顶西式构型

秋日午后斜阳下的钟楼，是华
西人喜爱的休闲游览的风水
宝地

造型仍然与坝上其他建筑和谐统一，但外观上更为绮丽
端庄，气派十足。

古平南的新钟楼还取消了原钟楼上与华西古建筑
端庄秀丽的风格不一，华而不实的双侧跃龙脊兽，而在
华西建筑中首次引入了代表皇室等级观念的檐角走兽脊
饰。除仙人指路不计外，古平南的飞檐角走兽设计为5
兽，低于故宫皇室的7—9兽等级，又高居于普通楼堂的
3—5兽的高端，合理显示了地方高级学府的地位。

除代表皇室至高无上的故宫太和殿的檐角脊兽为10
兽外，自古所有楼台庙宇檐角走兽（最前方的仙人指路不算，是人不是兽）都为单数，取3至9兽，据称奇数有"清白自洁"之意，而且脊兽排列也等级森严，几个走兽、出堂次序都有规定。

古平南的新钟楼得到了人们的喜爱，成为成都和外地游人到成都的必游之处，也是华西人引以为傲的校园美景。笔者当年在华西求学之际，曾利用周末空闲时间，绘有晨曦钟楼油画一幅，自认染得钟楼金辉，不胜美妙。

（四）
医牙学院（启德堂）的变迁

　　华西协合大学的重点在它的医学院，以及后来加入的牙学院，统称"华西协合大学医牙学院"。荣杜易十分重视医学院的建筑设计。所以设计一开头，医学院楼就安置在大学最重要的位置：紧邻大学中轴线的十字架布局的中心东侧，聚会所的东南侧，是全校建筑规模最大的一栋楼（下图）。但大楼迟迟未建，经费还没有到位似乎是原因之一（见毕启：《大学的开始》，1937年）。后来由于校园面积地不断扩大，加之庞大的附属医院建设的需要，医学院楼被西移至西部的新区，位于新医院的南侧（下图）。这次移动为大学的医学教育和医院建设奠定了坚实的基础。

大学建筑布局中的
医学院位置

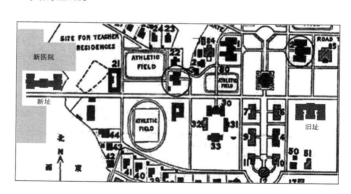

华西的医牙科楼

　　新命名的大学医学院楼为"医牙科楼"（后定名为启德堂），最先的资金由来自多伦多维多利亚大学（属多伦多大学的一部分）为主的加拿大英美会捐赠，于1928年开始动工。多半是经费不足的原因，医学院楼开始只建了大楼两翼的侧楼：医科楼和牙科楼，供基本医学教育使用。历经约十年后，才由位于纽约的中华医学基金会（C.M.B., Chinese Medical Board）出资捐助完成了两个医学楼的连接，全楼最终建成。

　　荣杜易设计的医学院楼没有完好的三维建成图可寻，唯一能查到的只有一幅模糊不清的图像可以用来揣测。从荣杜易的平面设计图可知，此图基本是正确的，应该为荣杜易所绘。医学楼的前面一反荣杜易经典的贵格建筑"山"字造型，但仍是标准对称平衡的水平"山"字形楼宇。此楼的侧楼两端前面不再向前向上凸

荣杜易绘制的大学
医学院楼的建成图

WEST CHINA UNION UNIVERSITY MEDICAL COLLEGE

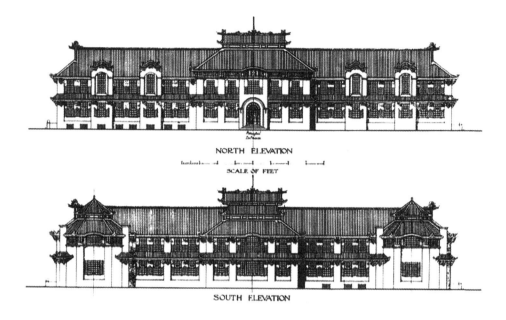

NORTH ELEVATION

SCALE OF FEET

SOUTH ELEVATION

荣杜易设计的医学院楼的正、
后面图

出（平面设计图上仍向前凸出，估计不是绘于同日），
而更多向后延伸，而且体积几乎为其他教学楼侧楼的两
倍。

　　中门楼体更为宽大突出，大门也一反其他楼的中式
装饰，设计为古罗马、古希腊式带浮雕的纯西式拱门。荣
杜易此时是否意欲展示西医的外来渊源不得而知。在楼
体向两侧延伸体的偏中间位置，而不在最外边，各设有两
个有雉堞趣味的楼前凸起，也配以带唐破风曲线的中式檐
顶，使医学院楼与大学其他各楼既相似，又造型相异，既
有荣氏特色，又别具一格。

　　不过从规模设施而言，医学院楼应该说是荣杜易在
华西协合大学各楼中设计最豪华的教学楼了。先看中心

楼体，虽然正面观的侧楼有所隐晦，医学院楼的后面观仍是传统的贵格建筑的"山"字布局。中间为双层高的中庭巨大空置大厅，与现在新潮的大型酒店，旅馆里的底层常带有可作会议厅、舞厅，或宴会厅的中庭大厅（Ball Room）非常相似，为医学院举行大型会议、展示和喜庆聚会提供了合适的场所。中间楼的后延伸末端还设计有双层共两间的医学博物馆，以用来展示精彩的医学标本。

医牙楼两边的侧楼的前面一二层共有四个大教室，分别为解剖、生理、病理和牙科四个大实验室，囊括了医牙学院的基本教学用室。双侧楼的后面则都设计为对称的两层四个中小阶梯示教室。这种中小型医学示教室是牛津、哈佛等名牌医学院里必备的典型设施，非常有利于医学临床示教使用。四个阶梯示教室的规模已超越或等同哈佛等名校的医学院规模。这表明华西协合大学在中国发展医学教育的雄心。两侧楼也一反传统的歇山式楼顶而设计为贵格会教堂常用的仿成都青羊宫的双重

医学楼的平面布局图有两种版本。这是荣杜易发表的第一种医学院楼的第二层平面剖面图

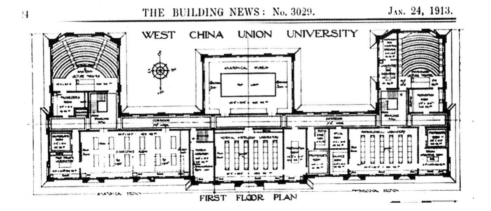

THE BUILDING NEWS: No. 3029.   JAN. 24, 1913.

WEST CHINA UNION UNIVERSITY

FIRST FLOOR PLAN

荣杜易设计的第二个版本。两边的侧楼有明显增大，加大了现代医学教学所需的更多实验室和示教室

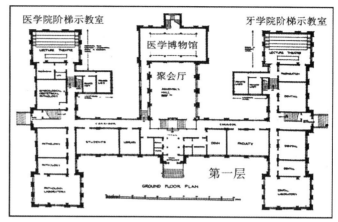

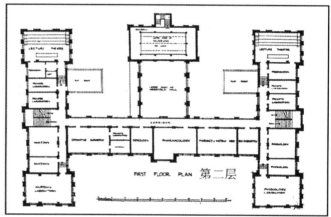

檐八角亭攒尖楼顶。此造型虽未在后来建成的颇为简化的医牙楼启德堂使用，但它还是建在新医院住院部的楼顶上，荣杜易的特殊用心没有被忽略。

几乎在华西医学院建校的同一年代，闻名于世的美国哈佛大学医学院也在1914年新建了他的第二座医学院教学楼，楼中有闻名的医学院阶梯示教室，即号称"手术室剧场"的"乙醚室"，也即现场示教的"手术室"

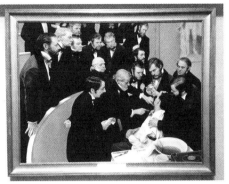

教室（有趣的是，莫斯科冬宫里的皇家小剧场也是几乎一样的类似造型，只是规模略大）。医生教授当场示范手术，学生现看现学。贵格名校霍普金斯大学医学院也有类似弧形阶梯示教室，不过规模比哈佛大学的稍大，比较接近荣杜易设计的规模。荣杜易在华西医学院楼设计的中小型医学阶梯示教室（荣版"手术室剧场"）绝对是和当年哈佛大学或霍普金斯大学的设备接轨的。不但如此，荣氏示教室而且比它还多，一个楼里就有4个，而当年哈佛大学医学院的两个医学楼里各只有1个这样的阶梯示教室。

下页的第一幅图是历经十年于1938年最终建成的医牙学院楼启德堂。此楼与荣杜易的最初设计相比已有所简化。但它仍是大学里规模最大的独立楼房。荣氏的复杂外饰和内设都已被简单化、实用化。功能虽然基本依旧，但从艺术的角度看是有所不足。荣杜易原设计中的的典型公谊会楼体的立体"山"字平衡对称的中心立面和平面的"山"字凸起在新楼中被当时改建负责人建筑

美国哈佛、麻省总医院在几乎同时修建的（1914年建）医学院阶梯示教室：闻名于世的"手术室剧场"——"乙醚室"。左为阶梯示教室图景，右为目前墙上挂的当年现场示教相片

家苏继贤（William G Small, 人称苏木匠）取消，背后的
聚会厅和博物馆似乎均未建，是否因资金不足，或施工
负责人苏继贤的个人美学认同相异，原因不得而知。

大楼的"启德堂"楼名，多半是为纪念华西医学
院，以至华西大学本身的创立者，来自多伦多大学的加
拿大英美会医生启尔德家族（史称 "启家班"）。启德
堂寓意"启发德政，治病救人"，这的确是启家班一家
三代来华的动机。启家班包括了华西医学院和医院的创
始人启尔德医生；他在华西坝染病去世的前夫人；他的
续弦夫人，开办四川第一家妇女医院的启希贤医生；他
们的长子，出生于成都，后来任华西新医院院长的启尔
德医生；启尔德医生的夫人启静卿医生等。他们都是加
拿大多伦多大学医学院的毕业生，前后72年间一家共有
三代十人在中国无私奉献并服务于中国人民，把自己一
生献给了中国人民的现代医学发展事业，他们对中国现
代医学的建立和发展的确功不可没。

1944年完全竣工后的医牙学院（启德堂）大楼正侧面

1944年完全竣工后的医牙学院（启德堂）大楼侧面。此面为牙学院用的牙科楼。刚建成时此翼曾因失火而烧毁

左为1944年完全竣工后的医牙学院（启德堂）正门台阶正中的仿北京皇宫的阶梯间石雕。右图为东侧牙科楼的仿成都城门样的拱门入口

1940年启德堂华西牙科楼失火冒顶，与60年后的怀德堂火势相似，整楼几乎全毁

似乎主要是经济的原因，荣杜易的医学院楼在他1927年去世以后，才分两次，并且在有缩减情况下建成。即在大学中心区各楼已基本竣工后，1928年医学院楼的东西两翼侧楼才分别在新选定的大学西区建成，但中间连接部分仍迟迟未建，直到十年以后，才由位于纽约的中华医学基金会（Chinese Medical Board, C.M.B.）出资，完成了医学楼的建设。

医学楼的建设，仍然是一波三折。大楼建成后不久，东侧的牙科楼就因失火烧坏。

华西的新医院

华西协合大学最著名的专业是医学。在当时的中国，华西新医院都应是规模最大、人才最强的医院之一。不过，成都最早的教会医院并不是从华西坝开始的，加拿大英美会的"启家班"早在若干年前就在成都东北城区的四圣祠街开有两家医院，美国美以美会在城中心陕西街也开有另一家规模不小的教会医院。正是他们促成了大家在城南开办一家更大医院的合作。1916年后不久，启尔德医生率先在华西坝开设了第一家隶属于华西协合大学医学院的诊所。

正规的华西协合大学"新医院"启动于1936年。当时大学医学院已开设多年，远在城区显然不太方便，于是由多家基金会（注：建华西医院的筹款主要包括中央庚子赔款基金、英国庚子赔款基金、中华文化基金、中华基金会、洛克菲勒基金会以及华西大学毕业生同学会等。美国的庚子赔款基金则主要筹办了北京的协和医院，世界各国的庚子赔款大多用在了中国的教育发展方面，唯独日本例外未参加。）筹资赞助的大学新医院在新购置的大学西区动工开建。这些楼设与荣杜易应再无大关系，但荣杜易关于华西大学医学院的基本设计，和他创立的华西坝一系列老建筑的基本设计理念却始终贯穿在全部的新医院建设中。来自加拿大的建筑师苏继贤此时期的具体统筹设计作用最大。

新医院1936年开工，历时6年，于1942年基本建成，1944年全院竣工，新医院正式开业。新医院的"簧

华西协合大学医学院的第一家医院，也是启尔德医生在华西坝的第一家医院，全医院当时只有一家门诊部大小

建设中的大学新医院

门"迎来了它70年前的第一批病人。除医牙学院楼系独
立贵格风格建筑外，紧邻的临床医院门诊部，住院部由
多栋大楼相连形成一个整体。各医院楼有对称平衡的标
准贵格建筑（如了望塔住院部），也有不对称的"L"形
"红楼"样楼体（如八角楼住院部）。医院各楼造型在
中西融合方面与校本部诸楼风格十分和谐，既有仿青羊
宫八角楼的塔楼，也有仿成都南城门门楼的住院部。

图左下角建筑群是新医院的部分建筑，此相片应是拍摄于1938年以前，大约数年后东西侧楼两兄弟才最后接龙。远处的浅色宽带为成都的南城墙，城墙下是美丽的锦江

1938年后的新医院全景

1939年医牙科楼南面再建的
八房分列为花瓣状的麻风病
院，1941年此医院并入华西
新医院传染科。此图呈现了新
医院的仿"成都三亭楼"并立
的场景。从左至右的医院三
个制高点：靠近医院大门的水
塔楼，中间最高的瞭望台楼，
最东面的医院住院部八角楼

对称的医院大门口后面有异
军突起的非对称水塔楼，塔
楼的后面是门诊部

医院中心区的贵格式对称平
衡医院楼中心，正中为仿成都
南城门瞭望台的瞭望台高楼
和病房

20世纪早期的邻近华西协合大学的成都南城门的城墙和城门门楼。这个门楼的瞭望台和华西新医院的瞭望台楼顶非常相似

从医院门诊部水塔楼看医学院医牙大楼的西侧

新医院的设计对称的大门
"簧门"正面观。门诊部由此
进入

新医院的大门"簧门"侧面
观。白鹅正在雨后积水的岸
边游走观景

对称平衡的新医院大门全景

　　我们前面提到过，贵格建筑中"艺术与工艺运动"
建筑风格的广泛应用也导致了建筑风格新的演变。后期
贵格建筑大量地采用了全对称中出现一点不对称的突
破，所谓大背景中的"红杏出墙""一枝独秀"就是美
学中的一种表现。美国最后建成的一个常春藤大学——
贵格会的康奈尔大学的贵格建筑就大量采用了"全对
称，小出格"的建筑风格。荣杜易在英国设计的一些贵
格会议室（教堂）以及华西大学老建筑中最后修建的华

西大学新医院门诊部的簧门水塔楼都是经典的范例。

　　至此，历时6至8年，新医院基本建成。由荣杜易设计开头，到苏继贤收尾的华西坝老建筑的修建也即将结束。说到修建时间长达二十多年的整个新大学的全部建筑，除了荣杜易外，要提及还有几位加拿大籍建筑师功劳颇著，他们是建筑总监李克忠、叶溶清、苏继贤。其中苏继贤最为知名，人称"苏木匠"。他的儿子苏维廉（英文名与爹同名），1917年生于乐山，和大多数的华西洋教习一样，能说一口流利的四川方言，1941年在华西协合大学任会计主任及英语讲师，1952年返回加拿大。1972年，苏维廉作为发起人之一，创办了加中友好协会。

五

"偏心"的广益学舍（雅德堂）

华西协合大学为五个基督教差会协同共建的联合大学。学校采用了英国牛津大学采用的"学舍制"，即大学设有共享的中心大学校区，建有公共的大学教学楼、行政楼、图书馆、礼拜堂等共用校舍，而各差会则自建自管各差会全权拥有的位于自己社区的住宿和社区活动楼，取名为学舍（colleges）。学舍制是当时各差会集资办学，均衡利益，充分享受"民主集中制"的最佳办法。和其他大学建筑一样，各学舍和教职住宿楼也由荣杜易设计，他共设计了近40余座大小楼堂。

开始时各差会并不知自己的教派在华西的规模会发展到多大。学舍规模一般不大，容纳人数一般在几十人范围。大一点的差会又分了大学生与中学生的分别学舍，如浸礼会的中学学舍就一直保留到近百年后的20世纪70年代，被医学院用作医院的进修生宿舍。比较各学舍的规模，一般比大学公共楼堂的规模小。但其中有一栋特殊的学舍，大小和排场却比所有学舍楼都大，甚至规格和享受的"待遇"也高于了大学的若干公共教学楼，这栋楼就是贵格会的"广益大学舍"，芳名"雅德堂"，也是荣杜易本人所属的教会派系贵格会的学舍。

我们前面谈到过，荣杜易出生于一个贵格会世家，就读于贵格会学校，受训于贵格会建筑师。他毕生的建筑设计，90%是贵格建筑，他是世界公认的贵格会建筑师和"艺术与工艺运动"建筑师。他被英国建筑师协会推举总结的他毕生最大成就，就是他的中国成都华西协合大学的全套设计。而华西协合大学的中西融合式"中国新建筑"，又主要融合了贵格风格，在诸多差会学舍的设计中，他最下功夫、最偏心的设计，无异于他本家教派的英国公谊会学舍：广益大学舍，又名雅德堂。在华西办学的五大教派当中，没有一个学舍有如此高大堂皇的设计，也是唯一与怀、懋二堂公共主楼"享受"同等宽大官殿式高台基待遇的差会学舍。

华西坝的五学舍

号称"五洋办学"的华西协合大学一共有近10栋差会学舍楼房，分属各个差会。最早的两栋是美以美会的亚克门纪念堂和贾会督纪念堂，又称华美学舍，建于1914年。然后是加拿大英美会的华英学舍，位于赫斐院（合德堂）后面，似乎也有两栋。估计建于1915—1920年间。以后又建了属美浸礼会的明德学舍（万德堂），1920年建成，教学与宿舍兼用，就教学楼而言，它算是最小的教学楼。接着就是属英国公谊会的广益学舍，建于1925年。这也是最大、最堂皇的学舍楼，也是教学

华美学舍也即贾会督纪念堂，属美以美会，1914年建。学舍楼对称平衡，也是典型贵格建筑。和亚克门一样，是荣氏设计后修建的大学第一楼。农民工在脚手架上操劳，洋监工在球场旁观望

华美学舍、亚克门学舍，属美以美会，但为浸礼会亚克门医生捐建，1914年建成。附近可见相似规模的贾会督纪念堂。门口的足球场成了后来四川省寄生虫研究所的所址

华英学舍，属加拿大英美会（后来创建医学院的主力）。位于赫斐院（合德堂）后面东西两侧。估计建于1915—1920年间。图中前方的对称平衡的贵格建筑是华英学舍，后面的四方尖塔是合德堂

育德学舍，属中华圣公会，1928年建，与华英学舍相距甚远

明德学舍、万德门纪念堂、万德堂，属美浸礼会，1920年建。地面两层兼做教学楼用，地下室为宿舍

广益大学舍、雅德堂，属英公谊会，1925年建

与宿舍兼用。1928年，规模最小的差会圣公会也建设了他的学舍育德堂，应该是位于后来华西制药厂的位置。还有一栋特殊的学舍，是专为适应华西协合大学首招女子大学生而修建的女子学舍：女生院。它不属于任何差会，统一由大学后勤管理，是华西坝的一道特殊的风景线。

巍峨大气的广益学舍

巍峨壮观，规格不输怀懋二堂的广益学舍，建于1925年。气派雄势，比怀德堂要大气堂皇。抗日战争时期此为华西协合大学文学院所在地，国际国内名人云集于此，是华西当时最火爆的一栋楼

广益学舍是一栋典型的中式贵格建筑，对称平衡，又有富含中国皇家宫殿样的大气造型。高台基，双重檐，正对大学中新的聚会所，是离大学管理中心怀德堂最近的学舍楼。

下图是巍峨壮观、大气雄伟的广益学舍刚建成时

留下的相片。它的大小与全校最大的教学楼即生物楼嘉德堂一样大（4窗级），比万德堂（2窗级）的连接楼房间数多一倍，比育德楼（3窗级）多一间。广益学舍又是所有学舍（兼教学楼）中唯一与怀德堂、懋德堂两栋大学公共主楼同样建有宽大宫殿式高台基的学舍。由于楼型宽大，其外观气势甚至超过怀懋二堂。与广益学舍相邻的规模较小的美以美会亚克门学舍只能算是"小兄弟"。它尤其有宽大的玻璃窗，是全校各楼的最大的玻璃窗，比大学图书馆懋德堂的窗户还要大，绝对是超现代标准。

广益学舍的地域位置也是得天独厚的。它位居校园中心聚会所的正北面，与聚会所隔门相望。怀德堂和懋德堂位居它的前方左右两侧，办公、看书都很方便。如果以大校门为中心点，它正好与怀懋二堂和聚会所形成一个对称的十字架，享受了与聚会所相同的"待遇"。

广益学舍正面，它有全大学最宽大的玻璃窗（尺寸超过图书馆），有着超现代派风格。和其他学舍不同，广益学舍在诸学舍楼中唯一具有升高的宽大台基

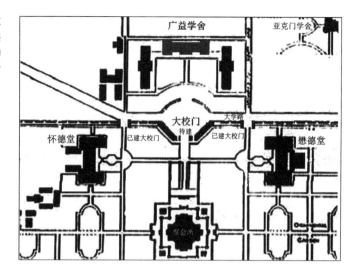

广益学舍在大学布局中的位置。如果以聚会所为大学公共区的中心，广益学舍位居它的正北方，是唯一与聚会所面对而且相邻的学舍

楼前的东边，在亚克门学舍的旁边，是华西坝的第二个足球场，锻炼身体也很方便。按设计图广益学舍门前或有两栋公谊会的辅助楼堂，可住人，也可活动，形成一个西式建筑中的楼前广场（Plaza），不过后来似乎又建在楼后了，景观上要差一点。广益学舍的小社区又称为广益坝，包括这一组功能相似的多栋楼群。

贵格会是华西协合大学建校的三大主力差会之一，后来在成都地区已发展到数万人，四川省一省即有十余万会友。贵格会在四川的主要作用是发展现代教育，在全川开设有十多所学校，包括后来的华西协合大学。英美会（美道会）侧重发展现代医学，在成都、泸州、自贡、乐山都建有现代化医院或医学院校。贵格会为发展四川的现代教育做出较大贡献。

后图是站在怀德堂侧面所拍摄的广益学舍和亚克门

学舍的相片，从图中可以清楚地看到广益学舍、大校门和亚克门学舍的位置。站在怀德堂的门口，广益学舍门口的活动清晰可见。如果以大校门为中心点，广益学舍正好与怀懋二堂和聚会所形成一个对称的十字架，共享了大学"中心"的核心位置。广益学舍在大学各差会中的地位可想而知，荣杜易在楼堂设计和修建地点上的偏心也是很明显。

得天独厚的地理位置，位于聚会所正北，怀德堂事务所侧前方，大校门最近的楼宇，与美以美会的亚克门学舍相邻，大学路位居两楼之间

从大学行政中心怀德堂门廊右侧看近在咫尺的广益学舍。大校门就在两楼的中间，两楼占据了大学当时的最优地界

广益学舍房的楼饰也颇高端，脊与飞檐之上均雕有飞禽猛兽，楼旁还建有一小巧的八角亭。和化学楼懿德堂前小八角亭一样，这大约也应是荣杜易喜爱的"艺术与工艺运动"祖师爷"莫里斯红楼"的华西翻版。可惜目前一切都消失不见，踪影全无。

名园广益坝盛景

广益学舍有宫殿式楼房造型，又位居大学核心地界，楼宇明朗轩敞，四旁名花荟萃，胜过大学其他诸景。广益学舍最有名的是学舍前种有的梅花百株，种类繁多，颜色各异，形成大学里闻名的梅园胜景。自农历十一月至正月冬春枯季，楼周围皆有花开，幽香扑鼻。抗日战争时期，校园收容和会集了沦陷区逃来的中国各大名校的师生，五大名校共济于一堂，校舍不够，广益学舍于是改为大学文学院的新址。一时中外学界名人会集于此，使广益学舍人丁兴旺，学术纷呈，构成了华西大学最兴旺的大发展期间的一个绝对亮点。

临宽大玻璃高窗，望窗外梅花尽放，坐堂内谈诗论政，聚天下名人造访。有此雅境，文人墨客们文思泉涌，在雅德堂内留下千古名言。广益学舍也因而成了华西人的骄傲。据文献记载，在此游览过或工作过的中外文化名流有陈寅恪、顾颉刚、冯友兰、吕叔湘、钱穆、许寿裳、闻宥、缪钺、徐中舒、蒙文通、朱自清、张大千、马悦然、李约瑟、文幼章等。当年曾任职华西大学

冬日广益学舍的局部花园特写，楼前的几十株梅花是广益学舍的一大盛景

的著名文学历史大家缪钺先生就留有名句"名园广益思先哲，满树梅花结胜缘"，描述了广益学舍内群雄会集的欢乐场景。

今日的广益学舍被改作大学幼儿园。高大的台基（浅色水泥墙部位）已被拆除，楼下阳光更多了，但梅花树没有了。曾经的广益学舍主人缪钺，受邀80周年校庆回校参观，他面前的广益学舍已是一片凄凉败落的景象。他回忆道："我到旧日讲学的广益教学楼去看，高楼依然，而梅树荡尽，楼前草坪，已换成了许多幼儿玩具，这里已经变成幼儿园了。我徘徊良久，不胜今昔之感，这也可以算是一次小小的人世沧桑吧。"

六

群楼荟萃的华西坝

一百年前，一个英国的贵格建筑设计师荣杜易，不
远万里，来到中国，亲历本土考察，把中国特色、风土
人情，融入了大学建筑，完成了整个一所大学的建筑群
设计。其工程之大，速度之快，不仅在当时，即使是现
在，也是十分罕见。当看到1个世纪以前建造的不仅在中
国，即使在世界当时也堪称最先进的宏大建筑，除人为
破坏拆除之外，至今仍然完好无损，使用正常，我们应
该称赞荣杜易给华西人、成都人、中国人留下了一份最
好的文化遗产——以贵格式中国老建筑的形式，以一组
固态的诗篇，凝固的乐章，给每一个华西人留下了一份
挥之不去的华西情结。

人们喜爱的不仅是建筑本身，而在它们所承载的
历史与人文。这就是我们要为华西大学老建筑索源的初
衷。这是一百年前中国西部的第一所现代化的大学，是
最早在中国把女子引入大学的学校之一，是中国现代医
学起源地的最早场所之一，也是洋为中用，把西方最时
髦的贵格大学建筑和文化引入中国，开启中西融合的
"中国式新建筑"实践的启动地点。一个在过去对中

国文化几乎一无所知，仅凭借自己对"东方艺术"的喜好，凭借自身深厚的本土本族文化底蕴，再凭借个人对技术和艺术的高深造诣，在短短几周时间，就拿出人见人爱，并且可以经受历史和时间的检验，如陈年酒酿，愈老愈香的建筑佳作，这不是一个赞字可以道完。

我们已经分析了几座代表性的荣杜易作品，包括怀德堂（事务所）、懋德堂（图书馆/博物馆）、亚克门学舍、万德堂（明德学舍）、柯里斯钟楼、雅德堂（广益学舍）和启德堂（医牙学院），让我们再一起来回顾一下荣杜易设计的其他楼堂，包括设计图纸和成品，欣赏和回顾一下荣杜易高深的艺术造诣和美学修养，以及诸多百年建筑精品。

最大的教学楼嘉德堂

生物楼嘉德堂是华西协合大学最大的教学楼，耸立于钟楼前小河两边的公共教学楼群之一隅。注意建成景观图楼门前设计的日本式路灯，日式打扮的女士和门廊内的日本式门饰。和懋德堂、怀德堂、合德堂、万德堂的楼饰一样，此为荣杜易的"艺术与工艺运动"中"东方艺术"修饰风格的又一体现，他广泛地把他熟知的日式东方装饰，用在了华西大学老建筑各楼的楼饰中，其中的唐破风檐饰比国人目前的追风艺术早了一百多年。

荣杜易绘制的大学
规模最大的教学楼
生物楼嘉德堂

WEST CHINA UNION UNIVERSITY CHENGTU   BIOLOGY BUILDING
                                          Fred Rowntree & Sons Archts

1924年建成的嘉德
堂，完现了荣杜易
的设计初衷。河边
的园林式环境使在
华西坝的学习成为
一种享受

教育学院育德堂

　　育德堂楼前中门的浮雕式成都南城门楼样设计是华西建筑中的唯一特色。荣杜易设计的华西教育学院育德堂，专门把大门设计为浮雕样的中国城门样式，两层楼高的拱形门洞内设计有小观景台，城楼上第三层设计为门楼模样，他这是明显仿照最邻近华西大学的成都南城门的城门、门楼和观景台的造型。华西各楼，楼楼不一样，个个接地气，又无一显俗气，荣杜易的聪明才艺可见一斑。

荣杜易绘制的教育学院育德堂。标准的中式贵格建筑。仿成都城门的楼门城楼设计是本楼的一大亮点，以至时任四川省长刘文辉也为此楼捐赠了一翼（西侧楼）

WEST CHINA UNION UNIVERSITY ~ NORMAL SCHOOL

1928年建成的育德堂，与后方的怀德堂毗邻

化学楼懿德堂

苏道璞化学楼懿德堂建于1941年，此时荣杜易也已去世，所以必然是别人设计。可观察大楼外观造型，明显与荣杜易设计的邻近的生物楼嘉德堂十分相似，显然是仿造嘉德堂修建，与小河两侧各教学楼的建筑风格十

1941年建成的苏道璞化学楼懿德堂

分一致，使教学楼群总体和谐。门前的六角形小亭展现了荣杜易念念不忘的莫里斯"红楼"情结，也巧妙地用作危险化学品的储藏仓库。一物两用，是设计师的聪明所在。

校长楼

荣杜易的设计图集里收罗了一幅校长居家楼，同时两层住家楼，此图房间规模明显偏大，居室较多，有些模仿贵格建筑的布局，是封闭式庭院，外饰中国风更明显。在他的规划图里，校长楼至少两座，每楼都有附楼，大约做厨房或保姆屋。不过以后建成的校长楼与此图并不相同而近似于普通教授楼，只是多了一两间附属房。

荣杜易绘制的校长楼,似乎未建

WEST CHINA UNION UNIVERSITY··PRESIDENTS OFFICIAL RESIDENCE

1916年建的校长楼之一

　　校长楼曾建了几座，这是在钟楼边上唯一留下的一栋。此楼曾用作外宾接待楼。不少来访或短期工作的外宾曾住在此楼。前面提到的曾来华西医院工作过一年的美国贝勒医学院前内科主任布朗医生夫妇就曾在此楼住过一年。布朗医生在医院负责带一班用英语教学的临床医学生，布朗太太诺玛女士曾是贝勒医学院的护士长，在华西则负责教一班研究生的英语口语。

　　与其他教授楼规模造型十分相似，似乎外观上中国风明显更多，其他教授楼相反更多西式风貌，显示了校长楼除居住外还有外交与政治色彩需求。自陶维新的前荣杜易时代开始，洋人住的小洋楼均有台基设计。此楼也与陶维新在成都自建的小洋楼（前荣杜易时代）造型十分相似，但荣的川西风远比陶维新的川西派更中庸稳重。陶维新和荣杜易一样，都是贵格会的忠实信徒。此楼无设计图可寻。

教授楼

华西坝共有几十栋洋教习居住用的小洋楼。这些楼风格各异，楼楼不同，但多有西方建筑色彩，只是略加了少许中国风装饰。此多半考虑了洋教习在异乡工作，虽需要入乡随俗，但回到自己世界是需要体会更多的家乡味道，这也是人之常情。所以华西坝除公共教学办公用楼有更多中国风外，纯洋人用房多尽量保留西方特色，如英美会的加拿大差会子女自己上学的加拿大学校和诸多教授楼。不过在当时，最吸引成都市民的，更多是这些与中国建筑风格迥异的小洋楼，它们是本地人见所未见的新事物，距离越远，引力更强。所以，华西大学的小洋楼群成为当时成都华西坝一道出色的风景线。

西式的小洋楼群让远道而来的洋教习们回家进楼有宾至如归之感。华西协合大学的洋教授们在教学中尽量讲成都土话。这种文化上西人倡导的"中西融合"也是华西坝文化的一大特色。华西教授为融合亲情，传道授业，他们尽心先学成都话，至今仍有流传闻名天下的供洋教习学习用的华西版四川话教科书，保证了科学文化的交流不走样，不误传。"华西毕业生将不会差异于世界任何名校的毕业生"，这是校董会在办校之初就立下的誓言。华西大学当时的毕业生的水平是有目共睹的，华西医牙学院的毕业生都是直接拿美国名校医学院毕业证书的。

1916年建成的围绕教学楼区的教授楼群

1916年建成的教授楼之一,此楼为华西医院外科主任胡祖遗医生(Dr. Edward C Wilford) 在华西坝44号的家

理学院合德堂

合德堂是华西协合大学的理学院教学楼,为纪念加拿大传教士哈特(Hart)博士所建,又称哈特学院或赫斐院,是华西坝贵格建筑风格最浓郁,中西融合最典型的一栋楼。

这幢没有设计图可循的合德堂是华西协合大学最经典的贵格大学建筑。和经典贵格建筑美国著名贵格会大学康奈尔大学管理学院萨吉堂相比有异曲同工之妙。要讲中西共用的"对称平衡,中西融合",此楼也是最好的典范。它也修建较早,当初是华西协合大学理学院的主楼。两侧是阶梯大教室,也曾用作为礼拜堂。中间为中心楼梯直上高塔,塔顶曾长期用作大学广播站。笔者也曾一度在那里工作。它也是目前新校门改址后的进门第一楼,以其优美的造型迎接着每一位来访者。

1920年建成的赫斐院合德堂侧面

上为1920年建成的华西大学理学院赫斐院（合德堂）正面。下为几乎同期（1875年）修建的美国著名贵格大学康奈尔大学管理学院萨吉堂的正面。除了合德堂的中国帽和中国肤色，二者有相似之处

加拿大学舍志德堂

　　1924年建成的加拿大学舍志德堂是专为加拿大英美会子女上学修建的学校。此楼属于经典的英式风格，也具有贵格建筑的特征。对照举世闻名的美国经典贵格大学哈弗福德学院的主楼，你会发现它们在大楼布局上非常相似。此楼几乎没有任何中国建筑修饰元素加进去，原因多半与其用途非常专一有关，它完全是为外国人子弟上学准备的大楼，没有中国人会参与此楼的任何活动。这里也是加拿大英美会教会活动的中心。纯西洋的建楼风格，会给来客及用户宾至如归的感觉，在中国风十足的华西坝有一个小院可以有回家的感觉。在后来各差会外籍人士因无法在华西坝活动被迫回国后，此楼曾

1924年建成的加拿大学舍志德堂

在稍加修改后（加高了一层）用作大学公共卫生学院的
办公与教学楼。

女子学舍/女生院

华西大学有一个唯一设有门卫的院落，闲人不能随
意进出，这就是华西协合大学有名的"女生院"，里面
主要住宿楼就是此栋女子学舍。此楼是为迎接华西协合
大学开天辟地第一次在中国西部招收女大学生而设计建
造的。大楼设计独特，也是对称平衡，有几乎全开放的
前廊，加上宽大的窗户和几乎每室都有的亮瓦，宿舍里
阳光明媚。其他男子专用的几个学舍无一有此等设计。

1924年建成的女子学舍，又名女生院，是华西协合大学开创西部中国女子大学先河后建设的女生专门学舍

⑦
未建的精华

    我们已经浏览了不少华西协合大学的主要老建筑。可惜的是，由于历史的原因，荣杜易设计的精美华西建筑很多并未建造，它们有的比已经建成的大楼更加漂亮精美，尽管当时华西的大当家毕启曾多次表示华西协合大学不差钱。

    大校门就是荣杜易精心设计，但一直未完成的一件作品。荣杜易的大校门设计在大学路的南侧。这一高大壮丽，展示家当第一步的脸面货，最终未建，当时曾建有"红门"作为暂时的大门。进入荣氏的大门，应该看见的是进校第一宝，这是位居中轴线中心校区最北方的，全校最高的建筑，也是展示大学的高大上的镇校之宝：聚会所。此楼未建，原因不明。穿过教学区，来到中轴线的最南方，是大学礼拜堂，也未建。但十多年后，1926年被代之以补充设计的柯里斯钟楼。

    图书馆附近的神学院大楼，和未建的礼拜堂一样，亦未建。在宗教方面的谦让与克制，是华西大学在建校过程中的一大特点。在当时一直存在的中西方价值观极不和谐的气氛之下，出于对共同事业的追求，校方在人事、课程和建筑的安排上，火候一直是拿捏得很好。最后连这所教会大学的神学系也一并忍痛撤销，足见校方办大事的决心。规划好的校园最大建筑医学院楼也多年未建，数年后移至校园的正西方新购地段开工建设，这或许由于需与日益扩大的附属医院的更多建筑相连而需用更大地域有关。

高大上的大校门

荣杜易在大校门上是花了功夫的。他最先设计的大校门可以说是宏伟高大，既有北京紫禁城宫门或成都城门一样壮观的风采，也有高高耸立的既带中式屋顶，也带有西式时钟的中央塔楼。大校门是三重门（三层门兼三门洞），比一般城门、宫门还要多了一重门，无疑是超皇家等级。荣氏当时颇为得意，因为此图发表在英国的建筑与建筑家专业杂志《建筑家》的封面上，而且还存放在英国皇家科学院以展示于世。校门两侧，内外两面俱有宽大的排廊，与欧洲皇宫常用的双侧廊厅造型颇为类似。按旧时中国的规矩，大门侧廊应为官员或访客暂时停息或拴车马之处。西方则多用作非正式休闲交流之处。

荣氏为何将大校门设计得如此高大宏伟，不知他是要凸显大学的伟大呢，还是他其他的哪一情结未得舒展而要展示于此？仔细观察比较，大校门高塔造型又与荣氏所在的爱尔兰古建筑协会的会标建筑风格非常相似，

WEST CHINA UNION UNIVERSITY,

CHENGTU, SZECHWAN.

Reprinted from   "THE BUILDER."

A Journal for the   Architect & Constructor.

Design for Entrance Gateway, from a drawing exhibited at the Royal Academy, 1924.

1924年英国《建筑师》杂志的封面，照片就是荣氏绘制的成都华西协合大学高大上的大校门

或许是受彼启发，或是对故乡的眷恋，不得而知。不过在西方和东方相似的物件中寻找它们的"公约数"一直是荣氏的拿手好戏。

在大门布局上，可以看出荣氏明显参照了比邻的成都老南门城门布局的双弧圈构型，一是安全可靠，二也凸显庄严。如若此门得以建成，它中西元素的巧妙融

荣氏绘制的华西协合大学的
正门设计图纸

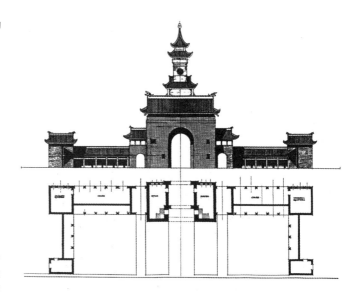

美国贵格名校霍普金斯大学
的地标建筑吉尔曼堂。它的
钟楼和华西大校门的钟楼构
型颇有几分相似

荣杜易所在的爱尔兰乔治亚
古建筑协会的会徽和爱尔兰
著名的公园拱门

合，加上比成都皇城大门更为高大的造型，必将使得这
一宏伟大门成为华西协合大学在当时显赫与华丽地位的
最好显示。在荣杜易逝世前三年的1924年，英国《建筑
家》的封面上展示了他设想的未来华西协合大学的大校
门的建成三维图像。很可惜此校门最终未能实现，相信
此会是荣氏心中一憾。

　　不过在荣氏后来展示的校园鸟瞰图上，高大雄伟的
大校门的规模已经缩小了许多，但仍保留了三门式入口
和三重檐的牌坊结构，可是高耸的尖塔和两侧宽大的排
廊已被取消。看来较之宏伟与显赫，校方更喜欢的是谦
卑和低调。

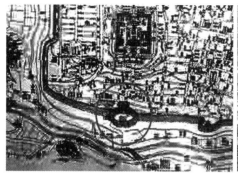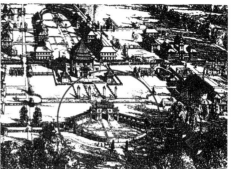

从19世纪成都市区地图可以
看到与当时华西大学比邻的
成都老南门的样式

目前所能查到的最完整的华
西协合大学的大学路大校门
（上）相片

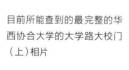

上页的下图显示了目前所能查到的最完整的华西协合大学的（临时）大学路大校门的图像。它与荣杜易最后版的三维校园鸟瞰图中的大校门的造型已比较相似。注意门顶中脊宝刹的双龙戏珠脊兽，与"进门双雄"的怀德堂、懋德堂大梁正脊宝刹的双龙戏珠造型几乎一致。三龙斗宝的中心位置，显示此门在大学中与怀德、懋德二楼相同的高贵地位。

校北端的锦江边上，当时的贵格会和美以美会学舍区北边还有一偏小一点的后校门或学舍区北门。它只是一个便门，但造型极具成都的乡土风貌，和当时成都北门的一座牌坊形状非常相似。来到锦江河边，远观华西校区，格外亲切，似有乡土之风，扑面而来。正是这扇

外籍人士记录的1910年成都北门的牌坊和成都东城大门（上左，上右），及现在华西的锦江后门（下左）

后门顶上残留的一块匾牌的意外发现，使它得以在人民南路新校门外作为"原老校门"被重建，尽管它实际只是一个学舍区的后门。

荣杜易设计的华西协合大学的大校门最终并未建成。华西协合大学的正校门一直为较小规模的校门代用。荣杜易的大校门是仿成都城墙南大门而设计，但又融入了他家乡的最闻名的乔治亚式的历史地标古迹（见未建的建筑）形象，再加以西方的钟楼嵌入，其高大雄伟、巍然壮观的高大形象，的确有"叫成都人亮瞎双眼"的企图。可惜，迟迟不开建此大门。最终，它的部分化作了校园内的柯里斯钟楼，成为人见人爱的华西坝地标建筑。

雄伟巍峨的聚会所

未建大楼之中，聚会所也显然是荣杜易的尽心之作。他在《成都华西协合大学的设计》一文中如此描述了这座位于大学中心的最高大、最宏伟的建筑："校区设计的精华体现在居中心位置的聚会所大楼（Assembly Hall）。这是一座有着八面均衡的八角形外观的大楼，是旨在象征大学最高目标的高大上建筑。"由于此楼因故最终未建，迄今唯一能找到的设计图就是荣氏自己绘制的大学三维鸟瞰图中的聚会所。

如荣氏的其他设计一样，他从不采用神思鬼想，凭空杜撰出来的东西。建筑是百年大计，建筑设计一定要反映历史和文化的渊源和积淀，并要经得起时间的检

验。八角形建筑，在东西方都不陌生，它反映了一个各方和谐均衡，庄严神圣的理念。历来是社团宗教活动，皇家聚会场所喜好的形状。1683年，贵格会教徒从英国逃到美国后建立的第一个教堂，就是八角亭形状的建筑，难怪荣杜易把华西协合大学最高大、最辉煌的建筑聚会所选用了中西共爱的八角亭造型。

荣杜易设想的华西协合大学的高大上的八角形的大学聚会所（左，1913年）。图右为著名的美国第一个贵格会礼拜堂，它正好也是一个攒尖顶两重檐八角形会议室（贵格会称礼拜堂为会议室，此楼建于1683年）

一位早期曾经在华西协合大学做过教学工作的美国美以美会神职人员从华西带回过一张很可能是大学聚会所的原设计图片。图的来源与原图作者并无介绍，但资料标明为"从怀德堂看成都华西协合大学新楼"，而这正是聚会所的位置。

从图片上看这是一座有四重檐的八角形攒尖顶建筑与美国旅行家甘博拍摄于1910年的北京颐和园佛香阁的相片非常神似，四重檐和廊柱的安排都几乎一样，提示荣杜易的早期聚会所设想和他北京之行的观感有极大的

一位曾经在华西协合大学工作过的美国美以美会神职人员带回过一张据言是华西大学聚会所的设计图片

关系。荣杜易设计的聚会所显然受中国皇家塔楼模式的影响极大。这张图与荣氏绘制的校园鸟瞰图中的聚会所有非常相似但又不全似的面貌。如果谁看过甘博当时拍的另一张北京天坛的相片，你会发现他和荣杜易是从同一个角度在观察天坛和未来的华西聚会所。无独有偶，天坛的三重檐也是荣杜易后来重新选用的聚会所塔顶，无非是把圆形塔身换成了荣杜易更喜欢的八角形。

荣氏在以后的设计中似乎又加入了一些成都的南方塔楼风采，而且更多地是把贵格会教堂塔楼的庄重雄厚的元素和稳健的建筑结构融入到了辉煌秀丽的中国风貌之中，更显现了他中西融合的设计初衷。在建筑上也放弃了一些短期内他不太可能熟悉的中国塔楼构建结构，转而和他其他华西建筑类似，回归到了他拿手的贵格建筑结构上来。在后来的设计中，荣氏在鸟瞰图中画的聚会所被再改为三重檐而非此图的四重檐，屋身也改为砖墙式而非此图的廊柱式，符合了他一贯的中式屋顶架构在西式砖木结构的基础构架之中，即采纳几乎纯西式的稳定构架结构，再隐身于地道的纯中式本土装饰之中。

　　从构图上看，聚会所的三维设计图与荣氏绘制的其他的建成三维图在风格上有不少相似之处，荣氏曾有一张彩色的怀德堂三维设计图与此三维图用色风格非常相似。综合而言，判定此图为荣氏所绘应该为人们接受。绘图者的观察位置应该是站在怀德堂门廊前厅，图中的

荣杜易仅存的一幅彩色的怀德堂三维设计图

人物、树木也与荣氏绘制的其他建筑图颇为一致。由于荣氏先后展示过的建筑设计确有反复修改的先例，所以可以假设这的确是出自荣氏之手，或许是他构思的聚会所的某个修改选项之一。

在这幅聚会所建成图里，我们不难看出它与美国著名旅行家西德尼·甘博于1910年所摄的北京颐和园里也是四重檐的佛香阁的相片非常相似（此时正好也是荣氏途经北京入川的时间）。佛香阁是北京皇家公园里最辉煌高大的建筑，相信也会是荣杜易前所未见、印象最深刻的中国特色的建筑之一。他借佛香阁的造型来绘制大学的聚会所，无论从功能、式样、来历来看，都可以说是实至名归，非常贴切。从功能和大体外形来看，北京皇家祭祀重地天坛，不能不说与荣杜易设计的大学重地聚会所外形也有相当提示。它庄严肃穆，顶天立地的造型，多少会给荣杜易为大学重地聚会所的布局与造型给予相当的联想。

应该指出，成都西门浣花溪畔的唐代古建筑四层八角楼万佛楼也应该是荣杜易构思聚会所的源泉之一。荣氏的设计，非常接地气，要是没有看到成都的万佛楼，他或许不会贸然联系起北京的佛香阁。如同从怀德堂、懋德堂我们可以看到北京故宫太和殿和成都皇城明远楼的影子，正是成都万佛楼的壮美，让他回忆起了雄伟壮丽的佛香阁。拥有佛香阁风格的聚会所，就是荣杜易最想要在华西构建的高大上风格。

根据荣杜易的华西协合大学建筑布局鸟瞰图，作者揣摩绘制了聚会所的建成模式图。聚会所平面布局呈十字形，也是校园总布局的双十字布局里的开门小十字。注意，在荣杜易设计的华西几十栋建筑的里里外外，甚至包括大学礼拜堂，他没有显现过任何明显的十字架造

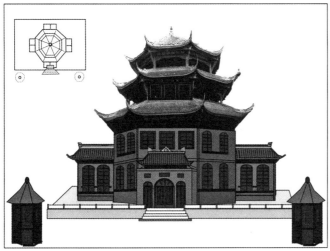

作者根据荣杜易的华西协合大学建筑布局鸟瞰图绘制的聚会所建成模式图。这里有两种可能的版本。（上）成都版。（下）如果荣大师是京华派，故宫迷，他应该设计这幅更有京师风范，雄伟壮丽的佛香阁聚会所

型或图像。

大楼主体为代表八方和谐的八角形塔楼。为了减少过于高耸的聚会大厅核心，最先设想的四重檐楼顶改为了三重檐。加高的屋身改为砖墙结构而非早先的仿佛香阁设计时所采纳的廊柱式，这样内部西方大堂传统的宽敞高大的大厅（参见华盛顿的国会山大堂或杰佛逊纪念堂）将变得更加宽广明亮。这些变化符合了荣杜易在华西建筑群设计中一贯采纳的"西式为体，中式为用"的原则，即内部沿用纯西式的坚实建筑结构，外观则饰以中式皇家建筑的精美华丽造型。聚会所的确是荣杜易精心打造的中西融合、庄严壮丽的华西协合大学的高大上建筑，可惜因某种原因未能建成。值得注意的是，荣氏在聚会所门口蓄意摆放的一对小亭。荣杜易的设计在公谊会的广益学舍门前，以及在苏道璞纪念堂门前也设计了类似的小亭，充分展示了他对"艺术与工艺运动"建筑中"红楼"小亭的钟爱情结。

从未出现的礼拜堂

礼拜堂，一个完全没机会出生的建筑。在荣杜易所有的平面校园布局中，他尽管四易其稿，包括最后双方一致审议的最终方案，大学礼拜堂一直是设计在"教堂双十字布局"的顶尖位置，也就是现今钟楼的位置。但是，基于一些历史原因，包括神学院、礼拜堂在内的与宗教有关的建筑，一律停建或缓建，它们最终没有等到合适的出生机会。办学的各差会宗教团体和董事会的谦让，避退心理可谓沉重。虽如此，办好一流大学的决心，却始终没有丝毫的动摇。

从设计图可以知道，这是一栋标准的荣氏中西合璧建筑——贵格会结构，中国风外表。此楼外观庄严肃穆，是国内难得见到的纯中式外观礼拜堂。大楼呈对称平衡的两层贵格建筑布局，作为礼拜堂，必然要求高大无柱的内空间，所以与其他楼堂不同，此楼有特别高大的屋顶。从类似于怀德堂及懋德堂的外观可以预测，里面一定是采用了类似的纯西式贵格改良哥特式斜梁和扶壁，和似乎比懋德堂更为高大宏伟的开放式大厅。这是一个有着中式屋顶，没有十字架的中国特色礼拜堂。

尽管采用了纯西式建筑结构，礼拜堂的中式外观很经典，可见斗拱，远比故宫太和殿更高大耸立的双重檐歇山式大屋顶，起翘的檐口，高台基，汉白玉抚栏。为达到教堂特需的光线效果，礼拜堂的侧面设计有双层宽大的透光玻璃窗。同样是考虑到聚会的人口流动会偏多，一反传统的中央入口，礼拜堂大楼设计有两侧中式样式，西式布局的双入口大门。

荣杜易设计的大学礼拜堂如果建成，会一反当时其他中国已建或在建的基督教堂，它应该是中国最漂亮、最中式的基督教大教堂。它的外观几乎看不出传统西方教堂的模样，但掩藏在穿着中式外衣，异常高大的歇山式大屋顶里面的是最西式的改良哥特式斜梁结构的高大中庭教堂大厅。纯中国式的庙堂外观也没有大多数教堂

荣杜易设计的华西协合大学礼拜堂

华西大学老建筑的收官之作，1949年华西坝最后一栋楼

具有的十字架装饰。荣氏的中西融合、和谐共处的智慧的确值得人们学习。可惜此楼未建。

在荣杜易去世20年后，由另一洋人苏维廉负责的造型迥异的大学基督教新礼堂终于在华西协合大学的终末期中开工建设（1947年开建，1949年建成）。

这栋由苏继贤领衔设计，于1949年建成的新礼堂（正名为中华基督教礼拜堂，Chinese Christian Cathedral），是经历抗战磨难后华西重整旗鼓的励志之举，也是华西大学老建筑群的收官之作，它是1949年华西坝最后的一栋新楼堂。该建筑应是对未建的荣杜易礼拜堂的弥补，甚至比荣杜易的设计更堂皇、更高端。礼堂平面布局为哥特式礼拜堂传统的"双十字布局"，外观则覆以造型十分复杂的中国重檐歇山屋顶。在中国风上稍与荣杜易的川西风有所不同，为配合大学礼拜堂或聚会所应有的气派与庄重，更多地采用了北京故宫的京师大气，稳重壮丽的楼顶和檐饰，并且首次引入檐角脊兽（5年后改建的钟楼与此一样，也选为五兽级别）于华西建筑。大堂内饰装修则富于中国传统彩画的富丽堂皇，整个建筑是西式教堂平面与中式外观的完美结合，也是近代成都建筑中最后一个高质量的高端作品。

可惜，不知为何，此楼建成后一直未用，最终被强拆消亡，它的建成也等于未建。此为华西大学老建筑的一大损失，其程度不亚于万德堂的被强拆和广益学舍的残败。

⑧
建筑师与农民工

　　应该提到，在大学修建过程中，尽管有荣杜易的高超设计，没有极好的施工也不可能造出完美的建筑。先后担任建筑总监的是几位加拿大籍工程师。首任建筑总监李克忠（Raymond Ricker）有多年的在华经历，对川西建筑颇有考究，他是实现荣杜易设计蓝图的先行者。继任建筑总监叶溶清（E. L. Aubrey），从1910年起负责校园建设达18年之久。此后，接任建筑总监的是苏继贤（William G. Small，人称"苏木匠"），他从1928—1950年担任建筑总工程师，设计了大学的后期建筑，如在荣氏方案的基础上设计医牙科楼，后又设计了大学新医院等建筑，是后期华西大学老建筑的主要设计人和执行者。他们的工作，应该是荣杜易起头的华西大学老建筑风格的忠实延续。

　　荣杜易和洋建筑师们固然功不可没，中国建筑师以及大量的成都农民工为华西大学老建筑更是立下了汗马功劳。农民工们才是华西大学老建筑的建设者，是他们和每一个华西人共同创立了老华西的文明和文化，以及华西大学老建筑的每一墙一柱。让我们记住他们，为他们点一个赞！

从1905年最初筹建，1910年大学开始，华西坝建筑格局形成至今已有100年历史，华西坝老建筑群由数十幢风格各异的建筑组成，闻名于神州天下，称颂不绝于大江南北，甚至被称为"建筑史上的奇观"和"中西融合建筑的里程碑"。这组由贵格会建筑师荣杜易设计的兼具中西方建筑艺术与文化底蕴，具备美国以外唯一的被和谐了和中国化了的贵格大学建筑群，无处不显示着典雅而独特的东西方兼备的神韵。这里的大小楼群，历经数十年沧桑而容颜未改，留在了华西坝的土地上，生动地展示着这座百年校园的绝代风华。

修建华西建筑的工人们

华西协合大学的建筑是美国贵格大学建筑的一个分支和延续，是世界上唯一仅存的在美国以外的，和美国常春藤名校中的贵格大学在校园建筑上分享同样知名建筑风格。从这个意义上，华西协合大学建筑是中国的唯一，也是世界少见。它在建筑学上的意义，远不是"开中国新建筑先河"或"里程碑"这么简单，它是在世界上把西方闻名的贵格建筑在中国成建制扩展实践，而且以"中西融合"形式高品质地洋为中用，成功保留下来的唯一典范。它是世界建筑史上的珍品，是中国式贵格大学建筑的一个博览会。

如今百年已过，荣杜易也已仙逝。他留给中国人，留给华西人一笔巨大的财富，一笔永久的遗产，一组和谐的乐曲和凝固的诗章。它们历经了地震的摇晃，饱受了时政的摧残，它们中的不少目前还留在华西坝的大地上。是贵格建筑师荣杜易给了华西大学老建筑生命，是他把灿烂的贵格建筑传到了中国的大学，是他高超的设计，让它们得以存活百年，让我们来维护这些美丽的建筑，不要让这些美妙的乐章，这些美好的诗篇，这些华丽的建筑，在我们的手里消亡。让我们来认识它们，爱护它们，留住它们！

华西坝老建筑是华西人的历史，是华西人的文化，是华西人永远挥之不去的情结。人们喜爱的不仅是建筑本身，更是它们所承载的历史与人文。华西协合大学是一百年前中国西部的第一所现代化的大学，是中国现代医学最早的起源地之一，也是洋为中用，把西方现代贵格建筑和文化引入中国，开启中西融合的"中国式新建筑"实践的始发地。华西协合大学的贵格建筑，不亚于世界上任何其他闻名的优美历史建筑，如陈年酒酿，愈老愈香。

附录

一

荣杜易的惊险西行漫记

作者　乔治·荣杜易　1935

翻译　温江

　　1913年，我弟弟佛列德·荣杜易在一个国际建筑项目的竞标中战胜了分别来自加拿大、美国和另一个英国的建筑师，赢得了这一巨大的建筑项目。这是一个由多个基督教差会在中国西部合办的全新大学的建筑项目，大学的名称叫"华西协合大学"。大学的目的是要在中国的本地就地培养自己的大学生，这样就无须远涉重洋把学生们送到英美等外国去异地培训。

　　中标后，我弟弟当即决定要去实地考察设计的建筑环境和当地的文化特色。我决定陪同前往，好处是我也可顺便浏览世界的风土人情。

　　离开英国并经历了14天的旅程后，我们到达了中国的都城北京。路途中我们在莫斯科逗留了36个小时，然后搭乘了豪华的火车"南西伯利亚快车"去中国。在北京，我们碰巧和一位刚从德国和英国考察了西洋刑事法律回来的中国律师一起在餐馆里吃饭。他告诉我们，他发现德国的刑法远比英国刑法要优秀得多，德国的刑法

贵格建筑师佛列德·荣杜易
（1860-1927）

条例诠释精准，而"英国的法律就如同英国的其他东西一样，不够严谨，可东可西（happy-go-lucky）"。他笑道："当然啊，我也不大信任你们英国的政府，你相信吗？"我有点不解他的寓意。他答道："你们的政府管理就是爱空谈而少兑现。"他的话的确不无道理。

在汉口，我们拜望并请教了包括美国圣公会主教吴德施（Bishop Logan Herbert Roots）在内的一些外籍人士以了解应该如何西行入川。吴主教告诉我们，入川要逆江而上，而长江上的土匪棒客不少，我们多半需买点手枪之类的东西以作防身之用。"不过，"吴主教又说，"反过来，有枪有时也会坏事。一个英国传教士最近被棒客打死的原因，就是因为他带了枪。当棒老二上船抢人的时候，这个传教士小伙子就摸出枪来想吓唬强盗。强盗一看他有枪，一枪就把他打死了。"和我们国家一样，强盗要的是钱，别拿命和他玩才是对的。

一开始，这些传言并没有动摇我们入川的决心。不过我们后来还是服输了。我们最先雇乘的是一个不比小游艇大的"舢板"船，由于是逆水而行，要加紧赶路，我们不得不加钱请船工拉牵纤昼夜兼行，突然，岸上有拿枪的人打着灯笼过来，叫我们靠岸。结果，他们是河道的水警上船来查走私货物的。他们细查了小船，我们按例也打点了他们红包。他们建议我们要小心前行。"你们最好在这里等天亮再走，前面河道常有抢人的棒客哟。"在原地停顿了15分钟后，我们把桨悄悄放下水里，决定返回汉口。10分钟后，船工恢复了正常船速，

我们则在船篷下面一觉睡到了汉口。

到汉口，我们毅然决定改乘蒸汽大船到宜昌，然后再换木船入川。

1913年的耶稣受难日（Good Friday）我们正在船上，和耶稣一样，我们也经历了灾难的一天，逃生之难确实是终生难忘。众所周知，逆水行舟并非易事。江上各船都想在太阳落山之前多赶点路。船大多紧靠江边而行，由纤夫们用长长的竹纤把船拉着在激流和漩涡中前进。行走中，突然，挂在我们船上的纤绳不知为何一下子滑脱了。纤夫和船工试了两次都未能挂上。我们意识到要出大事了。船上一个船工把他的屁股死死地压在舵机上，不停地高喊："舵打烂了，舵被打烂了！"约20分钟的光景，船一直在一个如开水般滚动的漩涡里打转，根本无法出去。船工们都使出全身解数，想固定住在漩涡中打转的木船。我们都脱掉了衣服，准备随时跳水逃生。分分秒秒，每人都感知到了自己的末日就在眼前。终于，岸边急驶过来一辆红色的救生船，当佛列德和我费尽全身之力，用手和膝盖艰难地爬上了救生船，我们发现，我们请的邓翻译不在了。向后船望去，发现他正爬回后舱想拿回他的一把伞。他站在舱内，一动不动，像个小孩似的大哭不止。刚好，另一条救生船也冲到了船后，终于把他拖上了那条救命之船。可怜的邓翻译仍然惊魂不定，从船上岸的踏板上，他又摔倒到了水里。他从水中伸出自己的脸，一个劲地哭喊道："我再也不去四川了，我永远也不去四川了！"等他回过神来，他开始不停地想阻止我付船工的救命小费。"让我来付，让我来付。"他不停地喊道。我只好成全了他。他拿出了一大堆铜钱，递给了那些救他性命的船工们。

到了万县，我们改乘"滑竿"（轿子）前往成都。一路走了好多天，沿途只能走到哪住到哪，随遇而安。小旅店的环境实在不敢恭维，恶劣而恶心。我们尽量选择在住宿条件好许多的庙宇居住。和尚们很客气，在寺庙里提供他们的便房让我们住宿。我们自己铺床，自己煮食，舒适而满意。在一个庙里，我们发现在我们的住房里放置着七八个棺材，心里略有点不自在。我们打听一下原因，发现当地风俗是，男人结婚时给岳母献上的最好礼物，就是打一副最好的棺材来存到庙里。我们感受到了人情的温暖，因为和我们伴宿的都是吉祥之物。

一路上我们领略了四川的风土人情，七八天后，我们终于到达了成都，并立即参加了当地差会的一个商讨会议。历经了数周的劳顿，我们成都大学的考察工作就此开始了。

（二）

成都华西协合大学的设计①

作者　佛列德·荣杜易

翻译　温江

①译自英国《建筑师》（The Builder, 英国的建筑与建筑师杂志, 1924年）

　　有人曾经把中国的成都市称为宇宙的中心和枢纽。此话听起来也许有点不着边际，不过稍做一点认真的调研，你或许会发现，支持这一说法的依据还真不少。首先，这个城市有着五十万之众的人口，地处全程长达两万七千公里的万里长江的源头。到达此地，离雄伟的西藏高原的山麓就不是太远了。作为世界人口最稠密地区之一的心腹之地，成都也是比法兰西共和国的全国版图还要广阔的四川省的首府。如果以成都为中心，画一个半径为3000公里的圆圈，超过全球一半以上的人口将会居住于这个圈内，而且其中的一半以上又会是具有最高度文化和最古老国家之一的中国人。同时，在这个城市里也杂居着随历史变迁不断迁徙而来的其他各种人种。可以毫不夸张地说，在这个遥远的太平洋彼岸的城市，积集着远比欧洲诸国及其他种族纷争更大的难题与危机。拿破仑曾经说过：“中国一旦觉醒将会震撼整个世界。”不争的事实是：中国确实正在觉醒。

成都的确是中国历届政府的主要行政中心之一和发展教育的重地。毫无疑问，地域的重要性决定了它将是建立一个宏伟大学城的重镇。大约15年前，在中国西部的一些新教传教士差会汇集了他们的教育力量，决定要在这里创建一个大学。他们首先把各教会团体以前兴办的分散在市区各地的三个男子中学汇集到了在成都南门外新购置的一片土地的临时校舍里，组建了一个大学的附属中学①。协中的校舍规划在即将修建的大学主建筑群的外侧，与主校区紧密相邻。就在第二年，也是在一些临时校舍里，一个只有十名学生的崭新大学宣告了它的正式开学。

大学的规模迅速由小到大不断地稳步扩大。在不到15年时间里，新大学已经有61名教员和146名学生。如果加上中学部的约300多名学生，再加上夏季的暑期学生，在校学生总数已有逾600之众。由中国政府核准的大学教程也很快得以开始编写。

第一个成立的是文理学院，随着教育学院、神学院和医学院的成立，对训练有素的教师、传教士和医生的需求也不断增加。除了一般正规医学教育之外，一个新的牙学院也在最近正式成立。

大学的组织结构沿袭了牛津大学和剑桥大学的总体方案。各个不同的教会分别出资筹建各自的学舍建筑并提供给相应差会团体自己的学生们居住。这些学舍和大学教授们的住房都分布于公共建筑群的周边地域，相对集中的各学院教学楼群则集中在校园的中心地区。学校

①即后来的华西协合中学，简称"协中"。

的管理由理事会（Senate）经管，但决策权则归属于居住在英国和美国的托事部（Board of Governors）的成员们。

托事部的主席是与多伦多大学关系密切的约瑟夫·佛拉维尔爵士，副主席则由有牛津大学大学学院硕士学位的M.B.萨德勒爵士和美国公理会的F.M.诺斯牧师担任。理事会的成员主要是由美国和英国的传教士所组成，但现在也有一些中国成员加入，而且他们在理事会的比例将会逐步增加。

兴办一所优秀的大学远非仅给它冠以一个大学的名讳。尽管这所大学目前的学位和毕业证书还只是大学自己颁发，还没有得到政府或其他权威认证机构的认可，但大学的实至名归一直是办学者心目中的首要考虑。它立志要让它的毕业生们今后去国外深造时享有被同行认可的最高标准。

美国的教育委员会已经对这些东方的大学和学院的教育水准给予了特别的关注。如果它们的教学水准能够达标，美国的教育机构将会给予认证。现在，美国纽约州教育局已经设立专门机构来认证华西协合大学的教育证书，为这所大学的学术水准认可定下了坚实的标志。

华西协合大学与中国官方的密切合作做得尤为出色，他们的做法已经成为基督教在中国办教育的典范。哪怕在办学的早期阶段，学校就一直遵循官方认可的教学课程并且与其他官办学校保持友好的合作。中国籍的教师人数也一直保持持续的增加。尽管要找到训练有素、德才兼备的教师队伍并非一日之功，学校迄今已经任命了11位中籍教师。

基督教办大学的根基或许是希望它的影响会导致更多人皈依基督教。他们在这方面的成就无疑是成功和令人欣慰的，教会大学在公众意识的认可转变方面的意义可能比教会成员的人数增多还更为重大。从这点上看，兴办大学的价值在传播国际善意与和平理念方面的巨大影响力的确难以估量。

就在不久前，一份中国日报邀请它的读者们通过投票来选择24位今后最可能被视为中国领导人的人选。结果非常震撼，约有一半的人选择的候选人都是基督徒，而且他们多数是在类似于华西协合大学这样的基督教在中国所办大学接受教育的基督徒。

大学的建筑

大学托事部决定要邀请四家建筑商来投标华西协合大学的建筑设计，其中包括一家美国，一家加拿大，和两家英国的建筑公司。经过专家和委员们仔细评议和筛选，来自伦敦的荣杜易父子建筑公司的大学建筑设计方案得以中标。

建设开始之前，托事部的资深成员们实地考察了成都。他们不仅与理事会成员，而且还和三位中国相关部门的省级负责官员讨论了建校的各种问题。中国官员肯定了校园建筑的宗旨并建议大学建筑楼堂应该具有中国特色。他们礼貌地表示添加这些中国风貌仅仅易于他们今后的仿建！大家同意，大学的建筑应该在形式、风貌和色彩上都要做到既要满足现代建筑的需求，也要体现本地历史的传承，建筑的形式和材料也要尽可能地做到就地取材，要充分体现文化与建筑的和谐理念。

由于建筑规模的宏大，大家甚至认为，伴随大学的建设甚至可能建立一所专门的建筑学院。新建的大学校园位于成都古城墙南侧，占地约1000亩地。沿着古城墙的一条河流把校园和城区分隔开来。一条居中的南北向的进校大路是校区的中轴线，若干东西向的交叉路再把南门和东门联系起来。规划中的五栋公共教学楼位居校区的中心，它们的位置既体现了互相的功能关联又展示了整体设计的和谐，同时也兼顾了与周边设计和各差会社区建筑的平衡与互动。

校区设计的精华体现在居中心位置的聚会所大楼（Assembly Hall）。这是一座有着八面均衡的八角形外观的大楼，是旨在象征大学最高目标的高大上建筑。主理行政的事务所大楼已经完工，图书馆大楼正在崛起，教育学院的大楼计划已经获得批准。一组教学大楼群坐落在聚会所大楼的南端，分布于南北中轴路的两侧。中轴路的南端终止于大学的礼拜堂，它附近的生物楼业已开始使用。

医学院的地点设在校区的东面，而且这栋大楼将会尽早开工。校长的官方住宅和许多教授们的住宅楼群与各学舍楼相距不远，也环绕在教学区的周围。可容纳300

多学生的大学附中的主楼及礼拜堂已经在大学主校区的南侧开工。由私人捐赠建设的各差会的学舍已经完工并立即投入了使用。人们期待大学的其他建筑的经费也将会由私人捐赠所实现。 ①

大学之初：华西协合大学的故事[1]

①译自:《边疆研究协会杂志》，JWCBRS 6:91-104，1934年

作者　约瑟夫·毕启

翻译　温江

从东方地狱到西方天堂：一个大学的成长旅程。

——毕启，华西协合大学首任校长

25年前，中国成都的一切，对西方人来说，都还似乎笼罩在梦幻迷离、模糊不清的迷雾之中。漫步于成都

建筑师荣杜易绘制的校园鸟瞰图

拥挤蜿蜒的街道，跻身于身着奇装异服、模样诡异的当地人之中，你的直觉使你感到犹如来到了地狱。若说你正与魑魅魍魉、恶魔鬼怪并肩同行，对此你不会有半点怀疑。勿怪当时的外来人们常称此地为"东方的地狱"（Eastern Hell）。

1910年，成都拥挤的街道。三栋泥灰夹壁的川西民房（下）。[译注：此两幅图为译者所加，均为当时洋人所拍摄（耶鲁图书馆藏）。其余诸图皆为原文所附]

不过，仅仅25年后的今天，人们发现，位于成都城墙南端的这块占地约154英亩（约1000亩）的地界已宛如漂亮的花园。处处沟端路直，路边种满了西方和本地的奇花异木。园内殿堂林立，到处是塔楼高耸的建筑群。成百上千的教师和学生，聚会于楼堂厅室之前，成双成对的情人，漫步于花丛树荫之间。于是人们给它安了一个漂亮的名字："西方的天堂"（The Western Heaven），或直接称它为"华西坝"。

　　这里，就是我们现在要讲述的"华西协合大学"，英文名叫The West China Union University。

　　这是个什么大学？它是怎么来的？原来的荒坟野地、农田小径是如何演变为大学殿堂里的花园楼宇，以至被人们赞誉为"西方的天堂"？故事说来话长，它既

华西协合大学的第一栋楼：亚
克门塔楼。荣杜易设计，建于
1914年

充满了感人的磨难、悲伤的惨剧等人间戏剧，又因富有峰回路转、天降神奇的演绎而极具神秘的离奇色彩。这些故事漫长而曲折，非本文可以讲完。我这里只能就大学开始的几个小故事，略述一二。

首先，这是个什么大学？

（1）这是最初由4个来自美国、加拿大和英国基督教新教差会联合创办的一所教会大学。现在是由5个教派差会和他们的3个妇女教会团体参与，由位于境外母国的大学联合托事部（Board of Governors）主理，并加上美国纽约州立大学校董会（The Board of Agents of the University of New York State University）参与管理的一所大学。这所大学最近已在中华民国教育部注册，并且有2/3的董事会成员由本土中国人担任。

（2）大学由6个独立的差会学舍，和文学、理学、宗教、医学和牙学4个学院及他们的3个附属医院，再加上一个初级和高级中学部所共同组成。大学图书馆共有藏书9.5万册。大学的考古、自然历史和医牙3个博物馆共藏有5.3万件藏品。其中1.16万件藏品属于考古博物馆，集中地代表了中国西部和边疆土著民族丰富的文化历史。

（3）大学占地154英亩（约1000亩）。共种有2220株，共计27种不同的树木。沿校园道路两侧种有上万株整齐的灌木丛。道路两侧保留了原有的从灌县都江堰而来的古老的灌溉沟渠。这些水系灌溉着校园林木和循环着校内的池塘，再沿地下排水系统流入校北的河流。整个校园建设共花费资金超过10万块金圆。校内共建有21栋永久教学楼和集体宿舍楼，48栋居家楼，再加上相关的教学设备，总共花费超过50万美元。不过，以西方建筑的造价和成品的比率而言，这些建筑的价格仍然非常合算。如果把全部华西建筑群以一栋长70米宽20米的楼房为单位估量，它的总高度将会比世界最高的建筑——纽约的帝国大厦还要高。按正常的2个银圆换一个金圆的比率换算，这些银圆叠起来的厚度可以超过3公里长。

（4）1933年时全校教职工人数为120人。其中71人为中国人。不过，其中只有大约一半的教职工是全职教职工。同年的学生总人数为900人。其中355人为大学生，450人为高中生，120为初中的学生。建校伊始，大学的毕业生逐年增加。自1910年建校以来，本校第一届大学毕业生仅2人。1916、1917和1918年每年也只有一个大学毕业生。1919年的毕业生增加为5人，其中一人就是现任的大学校长（译注：张凌高校长）。大学总毕业生人数到1933年为止一共有232人。其中140人走上基督教会或其他宗教有关工作。51人走上经商或医牙科行业，32人在学校继续做研究生深造，还有9名毕业生已去世。创办大学的早期初衷是培养中国的基督教领袖，以上数字证实了办学的初衷已是实至名归。当然，这些数字还不是全部，它还不包括许多宗教和教师特训班毕业的学生。同时，共有75名毕业生获得了医学或牙学的执业毕业学位。维持以上工作的年度花费大约为10万金圆和10万银圆。这些经费来源于学校的学费、岁收、工资和教会董事会的资助。还包括大约65万金圆的董事会投入和教友的年度赞助。正是基于以上的资助，华西协合大学今天迎来了她的23岁生日。

创校记

并不像先圣麦基洗德一样该来就来，也不似爱尔兰人常说的想有就有，这里肯定也不是先哲神灵布置好的计划。无论如何，所有发生的一切，绝对是有超越我们意愿的上天的指引，大学是实实在在地开始着她的故事。

要讲述大学故事的开始，最好倒过头去，去回顾开始前的最后那一步。所有的一切，都犹如《圣经·创世纪》里的第一句话："起初，神……"（In the beginning, God……）。

捐赠之初

浸礼会的泰勒（周忠信牧师）医生曾经诙谐地和我说过，"如果你有机会去纽约，你一定得去拜会一个叫亚克门·柯里斯的医生（Dr. Ackerman Coles）。别人告诉过我，他可是个肯捐身体器官（可理解为俗称的'割肉'的双关语）的人。你去问问他肯不肯捐一个器官给我们？如果他这一坨肉够大，那可够咱们用一阵的。"我于是到纽约的浸信会医院找到了柯里斯医生，并提出了我们的要求。

我给柯里斯医生看了我们唯一正在建的两栋大楼

的相片。其中一栋带中国亭子的楼房引起了他的兴趣。柯里斯医生立刻迷上了这栋楼，并坚持说他可以付建这栋楼房的费用。我又给他看了更宏伟的图书馆的设计图片，但他对此毫无兴趣，坚持他对亭子楼房的情有独钟。他说得斩钉截铁："我一定要出资修这栋楼。"我告诉他有人已经出钱捐了这栋楼了。他说："这有什么关系吗？叫他退出就行了，我会来付款。"我反驳道，这可是美以美会（Methodist Episcopal Church）的楼房，而且建在美以美差会的地界里。你可是浸礼会的教徒哟（Baptists）。他回答道："我不管他什么美以美会或浸礼会，我只要建这栋楼！"两个月后，美以美会的捐赠人退出，柯里斯医生如愿以偿。

后来，柯里斯又给我展示了他的家族在纽约的豪华地产。他说，有了这些，你和你的大学将会有取之不尽的财源。他还给我展示了雕刻有"亚克门塔楼"的一块不锈钢名牌。他说这栋楼将用于纪念他的母亲亚克门，这也是他当时为什么要力争拿到这栋漂亮塔楼的捐款权的原因。他后来又加捐了1万美元的支票用作这栋楼的永久维修费用。这个故事是我们为校舍募捐的完美开始。

柯里斯医生后来又捐赠了大学的钟楼。他还赠送了钟楼上的4面壁钟和里面的铜钟机芯。不仅如此，他最终捐赠了他全部家产的三分之一作为华西协合大学所有建筑的永久维修和修缮费用。当我看到中国破旧失修的庙宇和西部省份其他学校维护不佳的校舍，再比较我们大学里养护良好的校舍，我不得不感谢我们的捐款人对此做出的卓越贡献。维护良好的大学楼宇将会保证它们在现在和将来能历经岁月磨难而功能永存，这对我们的后人及朋友都将是功德无量。

同样幸运的是我们从霍尔地产公司（Charles M. Hall Estate）得到的50万美元的信托捐款。当时学校已建成的楼宇极缺家具，各系院的教学设备严重不全，社会心理和政治原因又迫使我们急需款项来增加学校中国籍的教师员工，巨大的社会压力又使得我们急待增加对本土文化研究的投入。同时，大学要在中国政府的注册需求也要求学校有大量资金注入。无巧不成书，霍尔公司的信托官员正好要他的律师在25分钟内和我们谈妥捐赠协议。双方的问答都同样简明扼要。"你想要多少？""100万！"我回答。这是我们急需，也是我们必须索求的数字。1月后，我正要离美远赴中国，我和霍尔信托官再次见面。"你知道我会给你什么吗？"他问我。不等我回答，他说："我们已决定赞助你的中国大学50万美元。"

楼宇之初

在大学建设上，我们决定创立一种全新的，与中国传统风格相和谐的中西融合的大学楼宇建筑风格。我们的这一建筑风格后来被中国的其他基督教大学广泛采用。由于初始资金的贫乏，我们决定把各差会在市区建立的三所中学的学生、教师和设备汇集起来，搬迁到（南门外）未来大学的新校区，作为大学启办的预备资源。我们先修建了一座中式的临时学生宿舍，它的厨房则临时用作教师的宿舍。另建了三栋漂亮的"泥灰夹壁"的纯中式平房来作为临时教学用房。后来又通过"搭偏偏"的方法将这些平房扩展成更多的教室，为1910年的大学开学启动准备了足够的用房。由于当时资金短缺，在新的永久性大学建设方案确定之前，这三所临时平房就是新大学初始时的全部家产。

1912年，校董会在伦敦开会决定正式成立大学的托事部（Board of Governors）。在托事部的第一次会议上，审定了聘用伦敦的荣杜易父子建筑公司承担华西协合大学的全部建筑设计工作。该公司的负责人荣杜易先生于1913年访问了成都的未来校址，并正式提交了大学的建筑规划方案。荣杜易创立了一种既富有最华丽的中国建筑元素又具备稳定的西方建筑结构的建筑风格。他的设计方案和建筑风格不但在大学设计竞标中获奖中标，而且在他访问成都实地展示时得到了当地政要、民众的一致称颂。当时托事部把三份参选竞标的大学设计方案匿名展示给成都的本地名流、士绅，由民众投票他们中意的楼宇校舍。结果，荣氏的建筑审美观和中国士绅的审美情趣不约而同。他的设计方案以其优美秀丽的造型和大气磅礴的布局得到了当地士绅的一致认同。这一与托事部完全一致的认定，不但证明了托事部在大学建设中西混合风格的决定的正确，更由于荣杜易的加入而为托事部开初的模糊意愿增添了扎实的专业内涵。依于此，这种高水平的东方大学建筑风格也使华西协合大学在中国的大学建设中独树一帜，气势不凡。

　　面对如此精美的校园设计，一位来访者说出了大家的一点担忧：一个如此精美绝伦的校园和这么多宏伟壮观的楼群，一定会让大学董事会和这些外国的差会花费不菲吧？无疑，这些人的确是看到了美妙绝伦，但他们肯定忽略了也会有的神迹惊喜。接下来的事实是，这些美丽的大楼几乎没有让董事会破费几多。从建楼一开始，或是通过托事部，或是通过各个差会，这些大楼就源源不断地得到私人的慷慨解囊和无私捐助。

　　大学的第一栋大楼是在1914年10月3日得到美以美会（Methodist Episcopal Church）为纪念贾会督（又译贝施福）牧师的捐赠。此楼一经建立立即就用于大学的教学。同一天，另一栋称作亚克门学舍的楼房得到了纽约的柯里斯医生（Dr. Ackerman Coles）的全额捐赠以纪念他的母亲亚克门。紧接着，纽约长岛北岸的罗恩甫夫妇（Mr. & Mrs. Joe Morrell）为纪念白槐氏（Mr. Whiting）捐建了行政事务大楼（怀德堂）；加拿大哈利法克斯市的霍特先生（Mr. Jairus Hart）为纪念加拿大来华传教的先驱赫斐氏捐赠了赫斐院（合德堂）大楼；美国印第安纳州的万德门（Vandeman Family）家族捐赠了万德门纪念大楼。以后是美国费城的斯卡蒂尔古夫人（Mrs. Thomas Scattergood）捐赠了斯卡蒂尔古夫人纪念高中（即后来的华西协中）。再接着夏威夷的嘉德尔顿医生夫妇（Atherton Family）又为纪念其子捐赠了嘉德尔顿纪念生物与预防医学大楼（嘉德堂），美国南达科塔州阿巴丁的赖懋德夫妇（Mr. & Mrs. B.C. Lamont）捐赠了懋德堂（赖懋德纪念图书馆大楼）。伦敦的亚兴登（Arlington Trustees）捐赠了广益大学舍（雅德堂）。紧接着，纽约的柯里斯医生再捐赠了柯里斯钟楼。英国伯尼维尔的嘉弟伯氏（Mr. George Cadbury）（译注：以及后来加入的捐款人刘文辉将军）捐赠了嘉弟伯教育学院大楼。以后，多达10栋以上其他大楼也陆续加入华西校园。它们包括：女生院（Women's College Building），巴士福纪念学舍（Bashford Memorial Dormitory），重庆刘子如（Liu Dsi-ru）捐建的刘子如协中礼拜堂等。到此为止，总计共21栋教学楼和48栋住宅楼已在1910年初始的厨房和那3栋临时教室楼的附近陆续崛起。

如此多的神迹大作从何而来？大概只有从主的意愿中找到答案。路加福音说："你们的父已经知道你们需要这些了。"（Your Father knoweth that ye have need of these things）如主所言，所有这些需要都全部一一兑现。此后，以临床医院为中心以及邻近的医学院建筑群已经得到了摩尔夫人（Mrs. Benjamin Moore）和诺特曼先生（Mr. W.A. Notman）的第一笔捐款。它们何时开始动工兴建，我现在还不得而知，但我知道的是，一旦它们开建，它们将绝不会是廉价和俗气之物。与西方基督教在这里开始的其他事业一样，它们一定是一个非常给力，并且华丽壮观的建筑群。

土地之初

在既无大学托事部的资助，大学银行账户上也分文没有的情况下，我们已开始在成都寻觅大学的理想地址了。我们最初是从地图上搜寻。1906年时我们曾着意过沿河到雷公庙（现望江楼区域）西端的一片地域。到1907年早期，我们转而聚焦到城南目前校址附近的60英亩土地。在加拿大差会预付了购地的头款之后，构建大学城的工作就正式拉开了序幕。

我在1908年早春的大学规划书上曾记下过如下话语："基督教协合大学的地产是一块约60英亩的类似于木匠角尺形状的不规则地域，角尺的一头朝向北边，另一头则指向西边。靠河边的北翼从中间会分为两区（见地图上目前的校北路和校南路），英国的公谊会使用路西区，而美国的美以美会则占用路东区。角尺的西翼也被一条东西向的线分为两区（见地图上的校东路和校西路）。路北一侧靠直角转弯的中心一带被留作建设大学的公共楼群。这一区域有一大块死活不卖的'钉子户'——梁富坤行会的地产，还有三块有上千坟墓的坟地。此区的西面及北面被划给美国浸礼会使用，路南以及尚未能购置的区域会交由加拿大的美道会和英国圣公会使用，每一区域都有大约10英亩（约合60余亩）大小。"

土地的购置充满了"死活"之争和"天地"之斗。为准备事务所大楼的地基，我们必须移走成百的无主坟地里的"死"尸；而要移除事务所大楼门前的"钉子户"，我们不得不动用数倍于地价的"银山"去移走这些"活"障。为购得建设必需的"土地"，我们又从"天"降神兵，发动了高至胡省督在内的高官去帮我们打压和强买那些顽固的行会的地产。行会首领终于服了我们，说出了我们想听的话："地现在属于你们了。"我们为历经艰难所取得的胜利而欢欣鼓舞。再经历了数周的努力，我们拿到了迁坟的批文。我们也平息了挖坟工人之间的争斗与纠纷。尽管有些为迁坟购置后来也不了了之，我们确实购买了新的坟地。我们终于获得了成百上千份盖着红印的坟地地契。不少土地的确是不得不重金购入的，此时的金币似乎都不再是黄金铸成。不过，转角上那块死活不让的"拿伯"（译注：《圣经》中不让地的人物）水田仍然卡在我们的设计图上。校园里按指南针和北斗星标画的正南齐北的道路有时也不得不拐一点小弯去避开那些死活不让的钉子地。各差会以

最早的医学院楼房。1914年建成，1922年拆除

华西协合大学的事务所大楼
（怀德堂），1919建成

前规划的地界有时也不得不做一些小调整。总之，建校
之地来之不易。

办学大纲和托事部

1910年6月，"大学联合筹备委员会"的成员们在
伦敦举行了一次聚会，就一个振奋人心的办学企划取得
了一致。稍后，会议决议稍作修改后也得到了各差会总
部和临时管委会的批准。至此，一个由多方协作筹办大
学的计划已达成协议，尽管还未获得正式授权，临时管
理委员会已决定筹建主管大政的大学托事部（Board of
Governors）和主管行政的理事部（Senate）。

理事部于1911年3月召开了第一次全会。决定并立即
选举了理事部的执行官员，并讨论了托事部主席人选事
宜。临时管委会决定托事部主席应该是由一位美国、加

拿大或英国教育界的杰出人士来担任，遴选合适的主席人选的时间初步定为3年，并要求理事部从合适的人选中提名。至1913年10月16日，理事部选出了托事部主席。

类似此次伦敦会议的商讨会议其实早已开始。早在1904年12月我们就开过一次会。当时由4个在成都的差会组成的委员会曾就办学的事宜达成过一个协议。1905年的4月28日召开了第二次会议，以上4个差会中的3个选出了他们的代表，联同中国内地会（CIM）差会（译注：后退出）和英国圣公会差会，决定开始正式商讨一个创办联合的基督教大学的计划，并决定要组织一个共同机构来统一管理大学事宜。决议规定由参与筹办的各差会分摊责任，各自贡献自己差会的一份力量。 大学理事会和管委会的成员也由各差会分摊，并按相同比例提交办学物资和管理。当时一份股份定为5000美元或1000英镑，包括出具一名教师和提供自己差会学生的学舍。也就在1905年，大学筹建顾问委员会向各差会的宗主国教派提交一份建校大纲（参见1905年《华西传道及华西教会新闻》刊载的第一次公报）。

若要说干就干，雷厉风行的话，那就该立马动手，为大学寻觅合适的建校地点了。我们在成都四周的多个方向粗查可能地域的同时，也打探了这几个教派总部为办学所作的动向。令人沮丧的是，没有一个教会总部在开始他们的行动。他们大概觉得，要在边远的中国西部去筹办一个联合大学，目前还有点太不切合实际。不过，这点挫折并没有把我们压垮。我们开始倾听他们的意见并鼓励他们下决心。"我们能为办学做点什么吗?"我们通常这样开始。同时我们也步步紧跟:"你们的教会有在四川办高等教育的打算吗?"回答通常是肯定的:"是的,很可能。""那你们有初步的建校地点了吗?""你们打算买地了吗?""你们打算教些什么课呢?""你们的教会,或其他教会能为办学做点什么贡献吗?"不过回答通常直爽而干脆:"还没有。"此时我们会更具体的建议:"比如,我们假设把大学设在街上一个广场的四角,你们教物理,他们教化学,你来教历史,他来教语言。或者,我们再向前推进一步说,若能创造条件,让我们学生们可以穿过马路,让老师们也能穿过马路,我们就可以互相交换学习环境。由于我们肯定会共同合作的,在一个联合大学里我们可以设立各差会自己的学院,然后我们大家可以共同出资来购置教学房舍和设备,让广场的中心地域成为联合大学的公共教学区。这种合作办学的方式,不是可以多、快、好、省吗?"

为弥补上一次的失算,我们此时开始筹划第二个办学大纲来实施以上的设想。我们发现我们可以模拟很有特色的牛津办学模式。实际上,美国的许多大学后来也采纳和完善了这种类似的模式办学,这种绝妙的协同联合办学的方式会非常适合华西的办学。为保证每一位参与者的权益得到充分的保障,我们仔细地拟定了细则,既保证了各差会学院/学舍高度的独立自主性,同时又极有利于发展代表集共同利益的中央核心教学环境。这个计划既有利于各差会自己的发展，也极大促进了他们对建立西部综合大学的积极参与。我们还努力争取了英国的牛津、剑桥大学，美国的西北、芝加哥大学，以及加拿大的多伦多大学等参与到我们的计划中来。

吸取了以往的经验，这次我们学聪明了。我们这次没有把第二份详尽的办学大纲直接寄给各差会的总部。相反，我们交公谊会的霍德进医生（Dr. Hodgkin，译注：不是发现淋巴瘤的何杰金医生，是弃医从教的何杰金/霍德进医生，两人同姓，且都是英国公谊会要员）亲自把这份大纲带回英国，而我则把它带到美国。我们认为这第二份办学大纲将不会和第一份那样受到教会本部的冷落。相反，各教会总部一定会积极地参与进来。吸取了前一次失败的教训，这次的努力一定会让大学得以开工动土。新的大纲充分解释了华西协合大学独一无二、独树一帜的组织结构和办校方针。它的结构优于中国乃至世界上目前其他所有已知的大学。 经验告诉我们，这次的出击一定会感动上苍，载誉而归。大纲中我们充分强调了各教派和差会学院的独立自主和利益保障， 同时又充分阐述了新颖的中心公共校区的互动互享效益。我们的努力得到了回报，仅中心校区一项动议我们就得到了超过百万美元的投资。我们不禁要高唱："上主作为何等奥秘，行事伟大神奇！"（God moves in a mysterious ways. His wonders to perform！）

计划无限好，只是路难行。在美以美会总部要到资助并不算难。我说："你们将会在大学里有自己独立的校园。如果你自己建校的力量不够，别的人多半会乐意来帮你的忙，何乐而不为呢？""行，"他们回答，"我们同意开始，不过要记住，别人帮的忙我们可不会还他们钱的。"我们又到了美浸礼会总部，他们的一个人问："你知道，我们历来是支持做些事业的。问题是，就你们的计划，我们投入会有所值吗？"我回答道："如果你不投入，你啥也得不到。如果你投小头。你会有些小收获。如果大投入，那你的回报自然就非常巨大。"结果，他们采取了投大头的方式。他们对未来的华西协合大学给予了巨大的物质支持。赞助人，包括董事会的秘书巴博（Dr. Barbour）、莫奈·韦廉士先生（Mr. Mornay Williams）和恩奈斯·巴敦医生（Dr. Ernest D. Burton）后来都成了华西大学最好的朋友。

拿到加拿大教会总部的钱就不那么容易了。他们一本正经的秘书和总监答应了我们的计划，条件是他们要在华西大学里建一个加拿大美道会学院。当我们邀请他们去纽约和美国的两个教会总部一起商讨细节，他们则要求别人也一定要参加他们的年度报告会。他们好像是说："我们可以出钱，我们可以出人，但我们也要在大学里有我们自己的加拿大学院。"后来我说:"你们如果不去纽约，那美以美会和美浸信会的人可以来多伦多会晤你们。"两害相权取其轻，他们终于让步，答应去纽约了。这一天尽管似乎一事无成，我们最终还是拿到了高琦医生和我们的商议草案。高琦医生后来也成了大学托事部的首任主席。大家于是决定召集一次有五个教派总部参加的联合商讨会，会议邀请英国公谊会派一个代表团过来。

公谊会霍德进医生在英国的事情进展顺利。他们的代表团也已组团，并即将起航赴纽约共同商讨华西协合大学的筹建大纲。这次的纽约大会很值得纪念。五个教会都是全权参与，协作和谐的精神贯穿全会，大家都齐心协力共商建校大业。同样的热情也来自华西成都的差会，他们也很快给各自的总部发来支持的报告。各教会总部分别批准了大纲并组建了代表团赴伦敦正式组建华西协合大学的托事部。我们在成都的人员也积极配合。这样，离创建成都华西协合大学的开始，仅有一步之遥。

使命与任务

如前所述，1904年12月，成都的筹委会启动了在这里办教育的设想。1905年4月，尽管一切都还停留在纸上，各差会的代表们已经草拟了一份筹建联合大学的大纲。由各差会代表组成的华西大学筹备委员会也已决定5月5日要召开预备会议。成都地区筹委会指定了由启尔德医生和我在会上向华西大学顾问委员会阐述我们的办学计划。会议进行了3个半议程，接着是一个面向社会的公开会议。下面是我摘引的秘书处的大会报告所陈述的会议精神：

从全省（？）各地前来的9位代表，带着基督王国的共同意愿，亲如一家，于此共商建校大计。经过了三次三小时以上的会议议程协商，大学筹备委员会已做出重大决定：我们将联手在中国的西部筹建一个崭新的基督教协合大学。这是会议得出的最有价值的决定，也是我们目前最重大的决策。

　　5月5日，启尔德医生和约瑟夫·毕启牧师向委员会陈述了一份列举了保证各差会权益的详细报告。在讨论中，大家深感犹如在神的指引下，圣殿教堂开始踏进了华西新纪元。尽管路途艰难，有摩西站在红海岸边号召的力量，人们信心百倍。委员会宣布原则批准了协同创建华西协合大学的建议，同时也批准了办学的大纲，并决定在5月8日召开公开会议，向民众宣讲讨论。经过彻底详细讨论了整个计划后，于星期一晚上召开最代表性的大会，除了普通代表，还有美浸礼会的周忠信牧师（Rev. J. Taylor），美以美会的毕启神父（Rev. J. Beech）和蒋友勤牧师（Rev. J. W. Yost），加拿大美道会的文焕章牧师（Rev. Endicott）、启尔德医生（Dr. Kilborn）、杜焕然牧师（Rev. Stewart），还有柯克士牧师（Cox）、莫惕模牧师（Mortimore）、白宝玉夫人（Ms. Brackbill）、斯文安（Ms. Swann）夫人，以及文学交流会的戴维宜先生（Mr. Davey）。

　　尽管会议中各方充分探讨了办校的难度和其他可能的替代方案，大家一致认为，由多家差会联合协作筹办具有中心校区方式的基督教大学是在中国的西南部最适

合的方式。会议主席宝阿瑟牧师（Rev. A. T. Polbill）热
烈欢迎会友的积极参加和充分讨论。宝牧师表示，对他
而言，办大学是件新事物，但仔细听完办校方案，他心
中日渐明晰，信心倍增。纵有千难万险，他相信大学建
设必会披荆斩棘，破浪前进。他尤其赞赏的是各教会在
办校活动中难得的齐心合力和团结一致。他表示他本人
将全力赞助和推进大学的建立。

柯勒顿牧师（Rev. Claxton）表达了英国圣公会对委
员会的有益建议。他说，联合办校的决心和努力已经得
到了展现。作为筹办华西协合基督教大学的第一步，应
该努力创建一种条件，使新的大学具有从小学到研究生
教育的一系列完备的课程。每个教会都应推出一名代表
来组成一个考察和检验机构以促成这个系统的完成。

会议表决了如下议程：（1）建立一个联合教育委员
会。（2）筹建一个协合办大学的组织。

委员会一致决定，在听取会员的意见后，修改了各方协同的华西办学大纲。其目的旨在集中所有力量和资产，在成都筹建全新的基督教协合大学。委员会也一致决定，各教会应立即按大纲规定的方案计划开始自己的行动。

以上决议的通过，极大地鼓舞了筹备委员会。委员会坚信神在大家的心中。神的激励和佑助，即将普降于世，降临光耀他在华西的众生。正如英国公谊会的代表所感叹过的，"我们必须感谢我们天上的父，我们在会议中时时刻刻感受到了他的降临，他的指引真是无时不在。"

我们要感谢在会议全程体现的团结一致。它体现于所有的讨论过程，决议的通过，尤其是在各派协同，共办教育的各项工作中。

当筹委会的各位成员回到各自的差会，必将会把会议期间彰显的神迹和精神，带回各个差会的具体工作之中，极大地促进建校事项的落实和开展。他们必会以基督教新教所具有的合作精神，促进各差会在建校过程中更加积极地协同行动。

这次会议也面对了我们本来试图避免出现的偏差，比如，我们开始打算创建一个大学，结果它有时会偏移到产出了一个小学的系统或学习课程。我们试图坚持一种立场，那就是除非我们的某个学院或大学有需要，或我们需培养自己的教师，我们不会，或不应该去开发这种非大学的教育系统。奇怪的是它确有可能发生。我们的大学也的确需要一份小学的教育系统。就如学校本意是要保留地板，而最后却得到的是时间。但大学的确需要一个小学或中学的系统来作为大学的基础（译注：中国当时还不存在为大学准备的基础教育系统）。结果大学确实发展了他的中、小学的系统。华西大学史无前例的也任命了他的小学和中学的委员会。以后，到1925年，这个委员会发展成了华西教育联合会（West China Education Union, WCEU），一个附属的完备的中、小学教育系统。它先后共录取了3200名学子。它由大学直接领导，它的秘书也是大学职工，它也得到大学托事部的支持。这个联合会，连同华西大学及它附属的师范学院，在今后的时期中得到了飞速和高效率的发展。其发展的速度，超过了当时中国和世界上已知的所有类似教会教育系统中的任何学校。不幸的是，如此优秀的教育体系，在1926—1927年政府强制教会学校必须注册的时候，华西教育联合会未能通过审批，这不能不说是基督教教育的一大悲剧。

到1910年，共有11名学生准备进入大学学习。1911年的辛亥革命造成了大学停课。以后大学转入在成都的加拿大医院继续上课。最终，一切努力化为乌有。动乱让所有教会人员都接到领事通知，被撤离到了上海。以后回来时，1915年有2名学生毕业，1916年1名，1917年1名，1918年也是1名。这就是我们最初的大学毕业生。余下来的历年毕业生在大学年鉴里可以查到。截至本文撰写时为止，包括1934年的毕业生，华西协合大学总共培养了163名毕业生。

万事开头难

　　1904年早秋，美以美会在成都靠近文庙的地方，建立并开始了他们学舍的工作。学院教师包括3位教会人员和2位中国教师，当时还没打算马上扩大师资队伍。在临街隔壁不远的地方，中国政府也成立了一所准备做较高等教育的学校（译注：石室中学）。美以美会的学校一开始似乎就很难开展工作或打开学校的局面。一天我从学校回到美以美会的校区，甘莱德医生（Dr. Canright，华西医学院首任院长）告诉我："文焕章先生来过了，说有一船新到的教会人员，如果美浸礼会办学舍要招人员，这些人可能正合适。"我回答："你说的当真？"他答道："是他说的，谁知他是不是开玩笑哟？"当时，美国的美以美会和加拿大的美道会的确是有一个联合或合作办学舍的意愿。几天后，启尔德医生来拜访美以美会的校区。我问他："你们差会真有意愿和我们合作办学舍吗？你是不是真有一批新教会人员要加入呀？"他回答："谁给你说的？"我说是文焕章先生。此后我们没再继续这个话题，转而谈了约一个钟头的联合办学舍的话题。我在我们首次在成都商谈合作办学舍的地方留取了一点泥土标本。我们约定几天后在加拿大差会的地界再继续谈一谈合作的问题。

　　在这次谈话的前几天，在一个教会的礼拜会上，我正好碰见了英国贵格会的陶维新先生。他当时问过我：

"我听说你打算和加拿大教会商谈联合办学舍的问题？如果我们也加入，你们有无异议呀？"所以后来我邀请了他和中国内地会的维尔先生（Mr. Vole）一起来商谈。两天后，启尔德医生、文焕章先生、加拿大美道会的杜焕然牧师、英国贵格会的陶维新先生、中国内地会的维尔先生、甘莱德医生、蒋友勤牧师，以及美以美会的我本人，在启尔德医生家里一起商讨了这一议题。我不记得是否我们选了谁做主席，我倒是记得他们请我在会上就发起联合华西学舍讲讲话。我记得我没有讲。但我告诉大家，我深信，如果我们要和政府的学校并街而立，教会学校一定无好下场。除非他们采用相同标准对待我们，或对教会活动采取非歧视的态度。我们应尽快在差会附近，或在更中立的地段重选新的学舍地址。我们应立即开始学舍的工作，否则随着大清帝国学校的急速扩张，我们的学校将必定会挤得无立锥之地。

我们然后讨论了联合办学舍的问题。我建议大学里应有多个学舍，最好每个差会都有一个自己的学舍。当然学生和老师都可以在跨校区市的各学舍间经由"交通车"做自由的交流和来往。为了我们这一代的后人，我们安排了一个委员会来继续有关的对话。圣公会的施贵宝医生（Dr. Squibbs），有时夏时雨先生（Mr. Openshaw）和周忠信先生（Mr. Taylor）也来开这个讨论会。关于在美国和加拿大差会地段设一个学舍和在4–5公里长的跨市区学舍间给学生或教师开设交通车的提议，因为不大实际，当地也无交通车可购，后来也就搁置了。我们继续探讨联合学舍的计划，并继续寻找更中性的学舍地点。

这些事项后来在1904年12月的会议还在讨论着，而且目前还一直在讨论着。等一等，难道大学的开始只是个玩笑吗？当然不是，玩笑倒是有，有一个所谓"神的抱怨"（Divine Discontent）。基督徒们开设了一个学校和政府的学校竞争，不久教会学校就处于劣势，而且在某一天，因不合格被政府的学校或法规所吃掉了。劣则思变。有希望才是你想抓住的第一根稻草。玩笑归玩笑， 但我坚信："太初有道（道与神同在，道就是神）。"（《约翰福音》：In the beginning was the Word.）

（四）
美国的贵格大学建筑

贵格大学在美国不下20所，本文将择要介绍三个知名贵格起源的大学，它们是位于马里兰州的约翰·霍普金斯大学和位于纽约州的康奈尔大学。此外位于宾夕法尼亚州的宾夕法尼亚大学虽然不是贵格大学，但贵格文化在校园建设中有着的强烈影响，也值得一提。

对这些大学的建筑，除了图示，本文不再做过多说明。图像教育是最直观的，所谓"有图有真相"。在清楚的图示面前，任何语言再加解释，都是多余。请结合第一章论述中已展现的美国贵格大学图片进行考察。

约翰·霍普金斯大学

约翰·霍普金斯大学（The Johns Hopkins University）成立于1867年，位于马里兰州的巴尔的摩市，由贵格会友银行家约翰·霍普金斯先生捐款700万美元（相当于目前市价30亿美元）建立的美国第一所现代研究型大学。迄今为止，该校用于研究的费用居全国第一，得到的国家科研基金也名列全国第一（也等于世界第一）。学校以医学、公共卫生、空间科学、国际关系、文学及音乐等学科名列榜首而闻名于世。霍普金斯医院连续20年位居美国医学院排名前一二名。截至2012年，约翰·霍普金斯大学共有36名校友获诺贝尔奖。自1986年起，霍普金斯大学也与中国南京大学合办了南大-霍大中美文化研究中心。

约翰·霍普金斯大学历史悠久，位居美丽的美国首都华盛顿特区北面，马里兰州巴尔的摩港湾附近。霍普金斯大学校园里的贵格建筑是美国最早的一批贵格大学建筑。如今，在地贵如金的巴尔的摩-大华府地界，霍普金斯大学校园贵格古建筑与新建筑交错林立，历史与现实的碰撞与融合交相辉映。对称平衡、红砖绿瓦的贵格建筑如瑰丽辉煌的佐证把这个世界闻名的贵格大学厚重而悠久的历史点缀得更加灿烂。

红砖绿瓦、对称平衡的贵格大学校园建筑是约翰·霍普金斯大学悠久历史和贵格文化的最好佐证

图中为建于1889年的霍普金斯医院楼。华西坝的合德堂在诸多方面与它近似

霍普金斯大学医学院门诊部门。在全新的后现代风格建筑中，顽强地保留了贵格建筑的红砖风貌

上图是前马里兰州长捐赠的
厚物博物馆（Homewood
Museum），下图中的一栋
是后来改建的艾森豪威尔
图书馆（MS Eisenhower
Library），均为典型的贵格建
筑

曼森讲演厅（Manson Hall auditorium），这是一种另类风格的贵格对称平衡红砖建筑，体现了贵格建筑灵活多变
的特征

康奈尔大学

　　康奈尔大学（Cornell University）是最后的贵格大学，创建于1865年，是唯一一所美国独立后才创建的贵格大学。基于贵格会"人人平等"的理念，康奈尔大学一开始就男女同校，录取不分信仰和种族，创建人设立的校训是：康奈尔大学是"一所任何人在此都能获得所有学科教育的学府"。完全展现了贵格文化的精髓。中国不少名人毕业于康奈尔大学，如赵元任、胡适、茅以升等。目前康奈尔大学还与中国合办有康奈尔中国经济研究所。

　　大学创办人为埃兹拉·康乃尔（Ezra Cornell）先生，是居住在纽约州小镇伊萨卡的知名的贵格商人，也是美国有名的西联汇款（Western Union）公司的老板。

麦格罗钟塔是康奈尔大学的地标，除了传统的红砖外墙，也有有了更多用本地伊萨卡浅色石材的饰墙

他发财后决定在家乡捐资兴办一所新型的研究型大学。康奈尔大学远离城市，风景优美，也促成了专心学业、传教育人的大学氛围的养成，在所有贵格大学中，康奈尔大学的诺贝尔获奖者最多，共计有45名之多，实为罕见。康奈尔大学的医学院则设在纽约市区，也是排名前十名的美国医学院和医院。

左侧平衡对称的标准贵格建筑萨吉堂（Sage Hall）的楼后生出一个尖塔，体现了该校在纯对称平衡的楼体中有常出现附加的小"红杏出墙"式的不对称

建于1868年的麦格罗堂（McGraw Hall）。此楼和华西大学老建筑里的万德堂风格颇为相似

建于1911年的兽医学院金绣堂（King-Shaw Hall）。采用本地伊萨卡石材墙饰，对称平衡，中心塔，老虎窗，是比较典型的早期贵格建筑

夕阳和月亮共存，给康奈尔大学校园铺上了一层金色的油彩

宾夕法尼亚大学

宾夕法尼亚大学位于美国宾夕法尼亚州（贵格势力最强的州，宾州即是用美国贵格会首任会长"宾"Penn的名字命名的州）最大的城市费城（也叫贵格市），这里曾是美国在改都华盛顿之前的首都，是美国宣布独立建国的地点。宾夕法尼亚大学创建于1740年，人们常简称其为"宾大学"（UPenn），比美国独立（1776年）还早36年，是美国最早建立的大学，以前叫费城大学，是美国名校常春藤联盟的8个成员之一，也是美国历届大学排名前10名的大学之一。它的医学院是美国创办最早的第一个医学院，它也是中国第一个医学院——"广东宾夕法尼亚医学院"的创办人。宾夕法尼亚大学虽然不是由贵格教会创办，但它地处贵格州的核心地带，深受贵格文化影响，它的所有大学运动队，都叫宾大贵格

位于费城城郊的美国宾夕法尼亚大学景观图，一个古老的贵格派艺术与工艺运动红砖风格的老建筑与新建筑的交错风景

（田径、蓝、足、橄榄）球队。所以，要看贵格会的大
学建筑，还可以看看美国宾夕法尼亚大学的建筑。也正
是这所大学，差一点就要让中国最早的贵格大学建筑与
成都无缘。

宾夕法尼亚大学最早的建筑
之一，建于1873年的大学堂
（College Hall）。典型贵格
会建筑

一反贵格会的传统艺术与工艺运动红砖风格建筑，宾夕法尼亚大学的大学堂（College Hall）选用了绿砖外墙。如宾
大的大学堂一样，中国成都的华西协合大学选用的黑砖墙饰是此宗旨的另一成功表达

建于1896年宾夕法尼亚大学的老牙学院楼的牙医堂（dental hall）

建于1915年的第二栋牙医楼，宾夕法尼亚大学的牙学院楼（School of dental Medicine）

建于1887年的宾大博物馆（Penn Museum）-考古和人类学博物馆（The University of Pennsylvania Museum of Archaeology and Anthropology）

宾大博物馆正门

宾大博物馆内的高大聚会厅"中国堂"（Chinese Rotunda）

建于1874年的宾夕法尼亚大学的医学堂（Medical Hall）

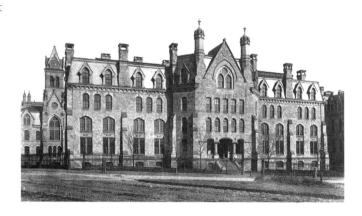

原医学院楼已易地重建，目前用作文理学院楼（科恩堂）。淡褐色的石材，加以红窗，红柱，红路，和贵格会的红砖建筑的"红色基因"联络起来，变而不离其宗

临床研究楼，宾大校徽高现楼上

宾大附属医院之一大学医院。外观已彻底入乡随俗，与贵格建筑无关，但红砖墙仍在，与新、老建筑水乳交融，和谐一体

成立于1765年的宾大医学院是全美首家医学院。图为宾大最早的医院大门和医院大楼门口的护士。

　　宾夕法尼亚大学是最早进入中国行医办教的大学之一。1907年，贵格会友、宾大医学院毕业的医生莫约西（Dr. Josiah C. McCracken）来到中国广州的岭南学堂并在广东成立了中国的宾夕法尼亚大学医学院（Canton Pennsylvania Medical College），他就任院长。后来受贵格会派遣，莫约西于1914年转至上海，加盟上海的圣约翰大学，他的医学院也移至上海并更名为圣约翰大学宾夕法尼亚医学院，就任院长至1950年，后被迫归国。

　　在莫约西医生去中国后不久，1909年，另一位宾大医学院毕业的年轻贵格派医生嘉惠霖（Dr. William W. Cadbury）也来广州，创建了中国的第一所西医医院广州博济医院，后来附属于广州的岭南学堂，即后来的中山大学医学院。嘉医生任院长至1949年，也是被迫回国。必须提及的是，嘉惠霖医生也是捐赠修建成都华西协合大学育德堂的加拿大公谊会（贵格会）会友嘉弟伯先生的儿子。莫约西和嘉惠霖医生都是岭南学堂的医学院（现广州中山医学院）的教授，现代医学在在中国的发展，他们功不可没。孙中山先生就是他们的早期学生，所以他们又是国父的教育之父。

贵格会的加入也为广州的岭南学堂引入了贵格建筑。宾夕法尼亚大学为它的广州版宾大医学院设计了贵格风格的新医院楼。是他们的到来，比荣杜易来成都早了3年，最先为中国带来了贵格建筑。活跃于费城，设计过无数贵格会建筑的新古典主义的建筑师斯图腾（C. W. Stoughton）先生为岭南学堂的宾州医学院设计了贵格风味十足的医院楼。大楼呈山字布局，三基分列，小亭、雉堞、重檐、烟囱俱全。不过此楼高大有加，清秀不足。纵观全楼，似乎贵格风太足而中国风不够，雄伟有余，和谐不够。应该说，和荣杜易的设计相比，美观上还是略居下风。

斯图腾设计的医院楼，似乎应了梁思成批评外国设计师设计的"中国新建筑"的大屋顶加西式楼。此人加入的唯一中国元素大概也就是大屋顶，远看似乎是典型的西式建筑，本土功夫和中国地气都明显不足。设计师

宾夕法尼亚大学请活跃于费城的斯图腾建筑师为岭南学堂的宾夕法尼亚大学医学院设计了贵格风味十足的医院楼

同一建筑师斯图腾设计的
另一栋贵格建筑风味十足
的广州岭南学堂办公楼格兰
堂（Grant Hall），当地俗称
"大钟楼"。

的艺术造诣似乎也低于荣杜易。"艺术与工艺运动"的
东方色彩运用也并不到家。不过，它仍然是第一份贵格
建筑与中国新建筑联系起来的证据，其历史价值远胜于
它的修建与否。

应该指出，中国古建筑的复兴，也与宾夕法尼亚大
学有千丝万缕的联系。中国古建筑的大师梁思成、林徽
因、杨廷宝都毕业于宾夕法尼亚大学建筑系，这一定不
会仅是一个巧合。他们都是在贵格文化的氛围里饱受熏
陶而出师的建筑师。难怪在以后的许多的中国人设计的
"中国式新建筑"里，如中山陵、成都工学院一号楼，
我们都看到了贵格建筑的影子，以致于影响了中国整个
一代"中西融合"建筑的风格。而其他外国建筑大师如
墨菲等设计的大学建筑，北京协和医学院、北京大学、
金陵女大，反而多是简单的中国式大方块加中国大屋
顶，远不如贵格派中西融合的华西大学老建筑的优美和

谐，就一点也不足为怪了。

　　不知是否与莫约西医生后来的北漂上海，带走了宾州医学院有关，广州岭南学堂的医院大楼以后最终未建。这就为以后荣杜易最先，也是最后，在成都设计的全套华西大学贵格大学建筑留下了难得的机遇。这个阴差阳错的机遇使荣杜易首次把华贵优美的贵格大学建筑，留在了中国的成都，成全了"贵格东行"的重要一步。此时，美国的贵格大学已基本建成，四川成都华西协合大学也因势得利，完成了本世纪最后的成建制贵格风格的大学建筑。